U0553774

中国博物馆馆藏民族服饰文物研究

彝族卷

苏晖　王羿　著

覃代伦　主编

東華大學出版社

·上海·

作者简介

王羿，汉族，北京服装学院教授，服装艺术设计方向及中国民族服饰文化研究方向硕士研究生导师，中国少数民族文物保护协会常务理事、民族服饰专业委员会主任，中国流行色协会理事，中华服饰文化研究会副会长，中国民族服饰研究会副会长，中国人才研究会服饰人才专业委员会副会长，中国电影美术学会服装造型专业委员会副主任，中国服饰文化促进会专家委员会主任委员，中国职业服装产业协会学术委员会副主任委员，日本文化学园大学特别研究员。其毕业于中央工艺美术学院，从教三十余载，承担多项国家级、市级科研重大项目，承担精品课程、国家一流课程建设。作为教学名师，其将创新设计与传统文化研究相结合，教学与产业研发相结合。其曾在中文核心期刊发表学术论文数十篇，编辑出版多本专著、教材及教学辅导书籍，涉及服饰文化研究、服装设计、时装画、电脑时装画等方面；组织和参加国内外学术交流及展览，作品赴法国、韩国、日本等地展出；常年组织和辅导学生参加国内、外服装专业大赛，屡获金、银、铜奖等各种殊荣；出版专著《中国少数民族服饰文化与传统技艺·黎族》获批国家出版基金项目、"十三五"国家重点图书。

苏晖，彝族，中国博物馆协会
服装博物馆专业委员会委员，楚
雄州博物馆办公室主任、文博副
研究馆员，云南省楚雄州第三批
"彝乡英才"彝乡文化名家，云
南省楚雄州第八批中青年学术技术带头人，上海纺织服装研究
出版中心学术委员会特聘专家。其曾组织策划赴日恐龙大陆展，
赴韩国安东"魅力楚雄文化展"等多个重大外宣展览项目；编
写出版专著两部：《中国少数民族文物图典·楚雄彝族自治州
博物馆卷》，任执行副主编；《中国百年经典彝族服饰集萃》，
任副主编，该书荣获 2022 年第三十一届"金牛杯"优秀美术图
书铜奖。其在国内核心期刊发表多篇论文。其曾获得第五届"全
国各族青年团结进步优秀奖"。

《中国博物馆馆藏民族服饰文物研究》编委会

本分卷编委会

顾 问：
  吉狄马加（彝族）

主 编：
  覃代伦

作 者：
  王羿 苏 晖（彝族）

审 订：
  罗 焰（彝族）   伍 佳（彝族）

供 图：
  王 羿 苏 晖（彝族）   杨追奔
  楚雄彝族自治州博物馆   云南民族博物馆
  中央民族大学民族博物馆   中国民族博物馆
  北京服装学院民族服饰博物馆 广西民族博物馆
  贵州省民族博物馆   红河州博物馆
  文山州博物馆   螺髻山中国彝族服饰博物馆

总　序

2016年11月10日，习近平总书记向国际博物馆高级别论坛致贺信时强调："博物馆是保护和传承人类文明的重要殿堂，是连接过去、现在、未来的桥梁，在促进世界文明交流互鉴方面具有特殊作用。"博物馆传承文明的这种突出的教育功能，已然成为国民教育体系的重要组成部分。现在，走进博物馆越来越成为各族人民的生活方式。特别是节假日，一些人扶老携幼到访博物馆，去了解历史，浸染文化，欣赏艺术，感知社会文明进步的方向。

我们在博物馆里看到的这些琳琅满目的文物，无不是我们的先人进行物质生产的见证。唯物史观告诉我们，"人们首先必须吃、喝、住、穿，然后才能从事政治、科学、艺术、宗教等"（恩格斯《在马克思墓前的演说》）。人类要生存和发展，就必须首先要解决衣、食、住、行这些基本的物质条件。就拿穿衣来说，与吃饭同等重要，"温饱"是人生活的最基本要求，这"温"当然就是指衣服。我们看博物馆那色彩斑斓的服饰展览，寻觅其历史演变的路径，感知从御寒、护体、遮羞到实用、美观、靓丽的发展过程，正所谓"衣必常暖，然后求丽"（刘向《说苑》），从而能进一步领悟到各族人民在服饰文化上高超的创造才能和不断进取变化的审美意识。

我国素有"衣冠王国"之誉，服饰文化源远流长。在上古社会，"有巢氏以出，袭叶为衣裳"（《鉴略·三皇记》）；明代罗颀《物原·衣原》云："有巢始衣皮"。上古先民用树叶和兽皮缝制衣服，可以说是服饰文化的滥觞。江苏吴县草鞋山遗址就出土了6000余年前的服饰残片；浙江钱山漾遗址

（良渚文化）出土了4700余年前的平纹组织的蚕丝织物残片。《韩非子·五蠹》称唐尧时代"冬日麑裘，夏日葛衣"；《墨子·辞过》称神农氏"教之桑麻，以为布帛"，称伏羲氏"化桑蚕为繐帛"。相传黄帝的元夫人嫘祖，就是人们耳熟能详的农桑女神。

自夏商以后，开始出现冠服制度，到西周已经比较完备。战国时期，诸子百家，思想活跃，服饰也各有风采。两汉时期，农业经济发展，服饰日益华丽。隋唐之时，形制开放，以胖为美，袒胸露背的女装时见于上层社会。宋明期间，讲究伦理纲常，服饰趋于保守。清末以来，国门打开，西风东渐，服饰也日渐适用、方便，甚至"西装革履"已成了男人们出席正式场合的"标配"。服饰的产生和演变，与经济、政治、思想文化、地理环境、宗教信仰、生活习俗等，都有着密切关系。不同时代，不同民族，不同地域，都有不同服饰，但相互间又有联系和影响。即使在同一社会，也有上层和下层的不同，有阳春白雪和下里巴人的不同，有"粗缯大布"和"遍身罗绮"的不同。当然，这些都是阶级社会历史的常态。

我国是一个多民族统一的国家。从远古传承过来的馆藏民族服饰文物，见证了中华民族共同体形成与演化的历史进程。殷商时期玉、石、青铜、陶器上的人形服饰图案，可以看出多为华夏周边部族的形象。河北平山古中山国墓中出土的玉人，头戴羊角形冠，穿小袖长袍，腰系带钩，袍下半部为格子花纹，应是"北狄"的典型服饰。四川广汉三星堆出土的青铜人立像，身躯细长，着窄袖紧身长袍，领口部呈V字形，无领。长袍前襟在左腋下开启扣合，称"左衽"，是周边民族服饰的重要特征，与中原华夏民族服饰的"右衽"不同。袍前裾过膝，后裾呈燕尾状。长袍上满饰复杂纹样，前襟左侧饰两组龙纹，右侧为云龙纹，下部为变形饕餮纹，最下方还有两组并列的倒三角纹。据专家考证，此立像应为古蜀国主持祭祀的巫师首领或某代蜀王的形象。相对于中原华夏民族而言，古蜀国当属西戎。中原者，乃"天下之中"也，又称"华夏""中土""中州"，是指以河南洛阳一带为中心的黄河中下游地区。周武王建立周朝之"宅兹中国"（青铜重器何尊铭文），就是在这个地区。此地的华夏民族在服饰上与周边东夷、西戎、南蛮、北狄等部族的最大区别，就是袍服上的右衽开合。华夏民族经过长期的繁衍发展，并不断与其他部族融合而形成汉族，成为中华民族大家庭的主体民族，为中华文明的发展做出突出的贡献。

史载北方游牧民族之"胡服"与中原地带华夏民族服饰的第一次双向良性互动，就是名传青史的"胡服骑射"。公元前307年，赵国东有齐国、中山国，北有燕国、胡人部落，西面是娄烦，与秦、韩两国接壤。士大夫们宽衣博带，锦衣玉食，无骑射之备，何以守国护家？于是，赵武灵王下令举国"胡服骑射"。何谓胡服？乃北方游牧民族之小袖短衣、短靴与带钩是也。这样的服饰，便于骑射作战，从强军战略的角度看，这是春秋战国时期北方游牧民族对中华民族服饰文化的历史贡献。

西汉王朝是一个英雄与美人、铁血与柔情并存的雄强时代。西汉元封六年（公元前105年），汉武帝钦命江都王刘建之女刘细君为公主，和亲乌孙国王猎骄靡，为其右夫人，陪嫁宫女、工匠、锦绣、帷帐、玉器若干；细君公主则作《黄鹄歌》以解千里乡愁，以谢皇恩浩荡。西汉太初四年（公元前101年），解忧公主和亲乌孙国王军须靡，凡50年，历嫁三代乌孙国王，生四子两女，长子元贵靡为乌孙国王，次子万年为莎车国王，三子大乐为乌孙左大将，长女弟史嫁龟兹国王，小女素光嫁乌孙翖侯。两位汉家公主——细君公主和解忧公主为西域诸国带去先进的汉服制造技术和丝绸衣料，也为西汉王朝与丝绸之路

上西域诸国的和平相处、共同发展做出了贡献。公元前 33 年，汉元帝又遣王昭君出塞，和亲北方匈奴王呼韩邪单于，带去"汉服"及宫女、乐师、工匠若干，使汉匈之间享受了长达 50 年的和平与发展。

唐太宗李世民是中国历史上第一个主张民族平等、团结共荣和提出"中华"族群概念的开明君王。唐太宗李世民云："自古皆贵中华，贱夷狄，朕独爱之如一。故其种落，皆依朕如父母。"（《资治通鉴》卷一九八）。唐太宗贞观十五年（641 年），文成公主进藏和亲吐蕃赞普松赞干布，唐太宗所赠嫁妆中就有锦缎数千匹，工匠数百人。可以说，文成公主把纺织、缫丝技术传入了吐蕃地区（今青藏高原），结果是松赞干布在拉萨大昭寺树立"甥舅同盟碑"，在藏地颁布"禁赭面，服唐服"之政令，北京故宫博物院藏唐人阎立本《步辇图》之禄东赞所穿联珠团窠纹锦袍，即唐史所载"蕃客锦袍"也！唐景龙四年（710 年），唐中宗命左骁卫大将军杨卫护送金城公主入吐蕃，和亲吐蕃赞普赤德松赞，入吐蕃三十余年，力促唐蕃和盟，在赤岭定界、刻碑，在甘松岭互市，其中多为马匹、金银铜铁器与丝绸互市。汉藏两大民族交往交流交融，始于文成公主，盛于金城公主。那时，波斯、天竺、泥婆罗等外邦番人携奇珍异宝职贡不绝于途，北京故宫博物院藏阎立本《职贡图》多有绘写描述。胡服、胡乐、胡舞、胡食等边地民族文化艺术，一度成为大唐帝国的时尚风向标。

北方游牧民族服饰与中原华夏服饰的第二次良性双向互动，则始于蒙古人入主中原之后的元朝时期。《蒙古秘史》《蒙古黄金史》和《蒙古源流》三大史书均记载蒙古黄金家族贵族男子多穿金光灿烂的织金辫线锦袍（中国民族博物馆藏品），贵族女子多戴高高耸立的"罟罟冠"（中国民族博物馆藏品），着交领右衽曲裾长袍。蒙古平民男子多穿腰部多褶的质孙服，蒙古平民妇女多穿带比肩或比甲的黑色长袍。据《元史·舆服志》载，元世祖忽必烈令改官服为"龙蟒缎衣"，民服则"从旧俗，为右衽"。后来，他又"近取金宋，远法汉唐"，男子公服近乎宋式，形制皆盘领，右衽；女子以襦裳居多，半臂袖依然流行。我们从台北故宫博物院藏《成吉思汗像》《忽必烈像》和《元代皇后像》中可以见蒙古黄金家族的常服形象。凉州会盟，吐蕃正式归化元朝廷，忽必烈钦赐西藏萨迦首领恰那多吉的"白兰王铠甲"（西藏博物馆藏）为这一时段的国宝级文物。国师八思巴当时是华夏汉服、色目人服与北方蒙古族服饰大融合的最主要推动者。

清朝是满、汉、蒙、回、藏文化交融并存并荣的时代。在服饰制度上，清王朝坚持了满洲八旗人紧身易于骑射的民族服饰样式，同时吸纳了明朝服饰的某些典章制度的规定，制定了各种等级冠服的形制。清朝皇族服饰有朝服、吉服、常服等，龙袍以明黄色为主色系，绣九龙，以表皇帝九五之尊。皇帝穿龙袍时，必须佩戴吉服冠，束吉服带及佩挂朝珠。皇后常服款式与满族贵妇服饰基本相同，圆领，大襟，衣领、衣袖、衣摆饰各色花边，耳垂"一耳三钳"，足蹬高跟木屐，行路如风摆杨柳。清代男子服装主要有袍、褂、袄、衫、裤等，清代女子服装则按所谓"十从十不从"中"男从女不从"的说法，存满汉两式，其中满族妇女着长袍、马褂、马甲，尤其从旗装发展而来的旗袍，更是风靡至今而不衰，而汉族妇女则着上衣下裳或下裤。关于西南诸民族服饰，乾隆年间《皇清职贡图》和嘉庆年间《百苗图》中多有形象的描绘，为后世提供了可资研究或复制的范本。

东华大学出版社隆重推出的《中国博物馆馆藏民族服饰文物研究》（6卷本），正是根据全国520余家民族类博物馆诸多民族服饰文物收藏，以藏族、蒙古族、苗族、彝族、瑶族和土家族6个民族丰富的服饰文物为主要研究对象，既有陶

器、骨器、青铜器、金银器、瓷器、玉器等，还有诸多人物画、壁画、职贡图、苗蛮图等；既有诸多文化遗址出土的葛麻织物残片、丝绸织物残片、织机纺轮文物等，还有诸多官修正史附有的《舆服志》《仪卫志》《郊祀志》《五行志》《蛮书》《土司列传》和地方志、谱书记载，以及众多历代保存下来的服饰文物样本，从民族学、人类学、博物馆学和文献学的角度切入，进行专题研究，正如郭沫若先生所说："古代服饰是工艺美术的主要组成部分，资料甚多，大可集中研究。于此可以参见民族文化发展的轨迹和各兄弟民族间的相互影响（1964 年 5 月 25 日）。"的确，这些民族服饰，既反映了本民族的特点，也反映了中华各民族交流、互鉴的成果，是全体中华儿女的宝贵财富，体现了各族人民卓越的创造智慧和对美好生活的追求，值得我们永远珍惜。

我们相信，上海市新闻出版专项资金扶持的这套民族服饰文物研究丛书的出版，对于进一步让收藏在博物馆里的文物"活起来"，彰显中华民族的文化自信与文化魅力，为构建中华民族共有的精神家园，为实现文化强国、文创中国而贡献一份光和热，实为一件盛事，值得推荐。

是为序。

马自树

（国家文物局原副局长）
2020 年 6 月 8 日于北京

前　言

彝族文化，对我们而言……

对我们而言，祖国不仅仅是

天空、河流、森林和父亲般的土地，

它还是我们的语言、文字，

被吟诵过千万遍的史诗。

对我们而言，祖国也不仅仅是

群山、太阳、蜂巢、火塘这样一些名词，

它还是母亲手上的襁褓、节日的盛装，

用口弦传递的秘密，每个男人

都能熟练背诵的家谱。

难怪我的母亲在离开这个世界的时候

对我说："我还有最后一个请求，

一定要把我的骨灰，送回到我出生的那个地方。"

对我们而言，祖国不仅仅是

一个地理学上的概念，它似乎更像是

一种味觉，一种气息，一种声音，

一种别的地方所不具有的灵魂里的东西。

对于置身于这个世界不同角落的游子，

如果用母语吟唱一支旁人不懂的歌谣，

或许就是回到了另一个看不见的祖国。

这是我写的一首关于祖国、关于土地、关于母亲，关于史诗，关于民族服饰的诗……

一部中国史，就是一部各民族交融汇聚成多元一体中华民族的历史，就是各民族共同缔造、发展、巩固、统一的伟大祖国的历史。

五十六个民族五十六枝花，五十六个兄弟姐妹是一家，彝族作为中华民族大家庭中的优秀一员，在中华民族形成发展的历史进程中，在学术界出现过"东来说""西来说""南来说"和"北来说"四种族源说。其中主流的

"北来说"认为，五六千年前在祖国西北高原上活跃着的氐羌族群（与江浙良渚文化与中原仰韶文化同期），在南下过程中与西南土著部落不断融合，形成了今天分布在四川、云南、贵州、广西境内的彝族主体。彝族创世史诗记载，希慕遮是引领远古氐羌族众从西北向西南迁移的彝族一世祖，后来，彝族六祖繁衍生息了武、乍、糯、恒、布、默六个氏族，历经数千年分支，发展成今天拥有8714393人口、全国民族人口排名第6位的单一民族（2010年全国第六次人口普查数据）。

文化兴则国家兴，文化强则民族强。文化是一个国家、一个民族的精神血脉。习近平总书记在中央政治局第三十九次集体学习时强调："文化和文化遗产承载着中华民族的基因和血脉，是不可再生、不可替代的中华优秀文明资源"。他还特别指示："要加强考古工作和历史研究，让收藏在博物馆里的文物，陈列在广阔大地上的遗产，书写在古籍里的文字都活起来，丰富全社会历史文化滋养。"收藏在博物馆里的彝族服饰文物，作为彝族传统文化的基因和代表性文化符号，如何让它们活起来，延续彝族文化的精神血脉？如何让它们美起来，走进新时代时尚生活？东华大学出版社认真践行习近平总书记的指示精神，在全国彝族聚居区组编了《中国博物馆馆藏民族服饰文物研究·彝族卷》，纵向梳理了从远古到明清的彝族服饰历史发展脉络，系统分析了彝族服饰形成的地理环境、人文环境和社会环境，科学划分了凉山、滇东南、楚雄、红河、滇西、乌蒙山六大彝族服饰区，深入研究了彝族服饰的文化特征和工艺特征，特别探讨了新时代彝族服饰文化作为国家级非物质文化遗产的传承与保护，让历史说话，让文物说话，讲好馆藏彝族服饰文物背后彝族与汉、苗、瑶、壮等民族交往交流交融的故事，共建中华民族共有精神家园。

2021年8月27日—28日，第五次中央民族工作会议提出了"四个关系"：一要正确把握共同性和差异性的关系。增强共同性，尊重和包容差异

性是民族工作的重要原则。我理解不能因为增进共同性而忽略或者消灭差异性，要注意对中华各民族在饮食服饰、风俗习惯、文化艺术、建筑风格等方面的保护和传承。本书既是对彝族服饰文化差异性的尊重和包容，更是新时代对彝族服饰文化的保护与传承。二要正确把握中华民族共同体意识和各民族意识的关系。习近平总书记把这种关系比喻为"月亮和星星的关系"。在铸牢中华民族共同体意识这条党的民族工作主线之下，各民族意识这些"星星"必须围绕中华民族意识这个"月亮"的轨迹并轨，而不是让"星星"脱离"月亮"空转。三要正确把握中华文化和各民族文化的关系。习近平总书记把这种关系比喻为"主干与枝叶的关系。"中华文化是各民族优秀文化的集大成。中华文化是主干，各民族文化是枝叶，只有根深干壮，才能枝繁叶茂。具体到本书，彝族服饰文化是枝叶，中华文化是主干，主干也需要枝叶承受阳光雨露，才能开花结果，根深叶茂。四要正确把握物质和精神的关系。习近平总书记强调这个关系是双选题，他形象地比喻为既管"脑子"，又管"肚子"。彝族服饰技艺已列入国家级非物质文化遗产名录，只有对彝族服饰的保护与传承"见物、见人、见生活"，才能增强广大彝族人民的幸福感和获得感。我们作为文化工作者，对四个关系的理解和执行必须全面、客观、辩证，不可偏废，切切！

　　是为分序。

2023年5月15日于京

（作者系当代著名诗人、文化学者、中国少数民族作家学会名誉会长、中国作协原副主席）

目 录

第一章　彝族服饰的历史发展脉络　　　　　　　　1

第二章　彝族服饰的形成因素　　　　　　　　　　24

第三章　彝族服饰的文化特征　　　　　　　　　　59

第四章　彝族服饰的工艺特征　　　　　　　　　　85

第五章　博物馆馆藏经典彝族服饰　　　　　　　118

第六章　彝族服饰文化的传承与保护　　　　　　173

附录　　　　　　　　　　　　　　　　　　　　178

参考文献　　　　　　　　　　　　　　　　　　192

后记　　　　　　　　　　　　　　　　　　　　195

第一章
彝族服饰的历史发展脉络

　　水有源，木有本。针对彝族的族源问题，方国瑜《彝族史稿》指出："可以知道彝族来源的方向，就是从祖国西北高原向南迁移而来。"六七千年前，祖国西北高原上活跃着氐羌族群。彝族是古代氐羌族群在南下过程中与西南土著部落不断融合发展形成的民族。蒙默《南方古族论稿》中认为凉山彝族先民居住在牦牛徼外（今甘孜州）。可以说，彝族以中国西北高原的族群为起点，沿着时间为这个神秘而又古老的民族定下的路线，一直前行着，一直丰富着，在彝族独特又灿烂的文化中投射出与不同民族文化交往、交流、交融的影子。

第一节 从远古到秦汉

彝族是一个十分重视记录历史的民族，首先得益于该民族的语言，区别于很多的少数民族语言，彝族语言是同时具备"声音"与"文字"的语言。使用文字来记录信息的工作基本都是由族群中的神职人员，也就是毕摩来担任，因此，彝族的彝文文献有着强烈的神秘意味，但是从中可以推理出彝族族群迁徙定居的大致方向与时间。

彝族在祖先崇拜的影响下实行严密的父子连名制，因而保存着非常完整的世系谱牒，仅是一个普通百姓家族的世系谱牒就记录着五千年左右的彝族历史。根据研究者整理的较为典型的谱牒可知，古代彝族社会先后经历了哎哺到六祖的多个历史时期。一直到公元前 4500 年左右，也就是新时期时代的晚期，被称为"彝族父系一世祖"的始祖希慕遮开启了彝族父系社会的纪元。余若琭纂辑的《且兰考》提到"有孟赿（希慕遮）者，居邛之卤，即古之西夷。"

希慕遮后历三十六世祖至笃阿慕（阿普笃慕）。《勒峨特衣》记载了彝族先祖阿普笃慕迁徙的路线——从今四川宜宾进入云贵高原，之后再进入云南昆明附近。而《西南彝志》则比较详细地记载了阿普笃慕和六祖的关系：相传阿普笃慕拥有超凡的能力，是一位贤明的领导者。由于他一直没有娶亲，天帝策耿苴（策格兹）就把三家君主的女儿嫁给了他，三位妻子为他生下六个儿子，便是彝族所常提到的"六祖"。洪灾泛滥，人民失去生活依托，阿普笃慕率领子民迁移至今会泽县的乌蒙山区避难。由于人口众多，必须寻找新的生产之地。因此，阿普笃慕在今云南昭通洛宜山举行六祖分支大典，祭祀祖先神灵，完成迁居仪式。六祖繁衍生息了武、乍、糯、恒、布、默六个氏族，并分别带领其子民向不同的地域迁徙和发展。慕雅切（武部）和慕雅考（乍部）迁至昆明西方和南方，慕雅热（糯部）和慕雅卧（恒部）迁至云南昭通和大小凉山各地区；慕克克（布部）和慕齐齐（默部）原居云南北部后迁至四川、贵州等地。这就是彝族历史上著名的"六祖分支"。"六祖分支"实际上是民族的迁徙与定居活动，他们在迁移的过程中与其他部族的融合，发展为今天滇、川、黔、桂各地彝族。阿普笃慕与他的6个儿子也被尊奉为各地区彝族的先祖。

单从文献的角度，就能够证明在石器时代到先秦时期，彝族的祖先已经开始背负了漫长的迁徙使命。"彝族祖先从祖国西北迁到西南，结合古代记录，都与'羌人'有关。早期居住在西北河湟一带的羌人，分别向几个方向迁移，有一部分向南流动的羌人，是彝族的祖先"。羌人约在春

秋末年、战国初期自西北地区南下至邛都和滇池地区，改变了"逐水草而居"的游牧生活，进入农业定居社会阶段。在这个过程中，羌人不断与当地的部族融合，以联盟的形式加入了部落组织，社会形态进入了原始社会的氏族公社时期。东汉之后，各有其名的部落联盟逐渐交融，"消灭了部落，有共同的专名，称之为叟"。

据彝文古籍记载，彝族远古时期以人的眼睛变化来划分时代。他们的祖先曾经历过独眼人、直眼人、横眼人三个原始社会发展进化的阶段。独眼人是彝族的第一代祖先，在考古学上相当于旧石器时代。在这个时代，彝族开始了树叶为衣的历史。著名的创世纪史诗《梅葛》在人类起源章中说，当时"人有一丈二尺长，没有衣裳，没有裤子，拿树叶做衣裳，拿树叶做裤子，这才有了衣裳，这才有了裤子"。另一部彝族史诗《查姆》也生动地记录了彝族这一时期树叶为衣的生动情景："独眼人这代人，猴人分不清；老林做房屋，岩洞常栖身；石头随身带，木棒手中拿；树叶做衣裳，乱草当被盖。"此外，《阿细的先基》和《阿黑西尼摩》中也同样有彝族祖先树叶为衣的记述。

值得注意的是，这些史诗出自彝族不同支系和不同地域的彝文古籍，且涵盖了彝族现在分布的所有地区。因此，树叶衣是彝族童年时代服饰文化的重要创造，在彝族社会

图 1-1 响草蓑衣
（图片来源：仲仕民《中国彝族服饰》）

生活中至关重要。彝族人民从古至今保留了这一服饰传统，这在历史方志中记载不少，例如，唐朝时说彝族"无衣服，惟取木皮以蔽形"。又言："夷妇纽叶为衣。"其实"纽叶为衣"又叫"结草为衣"，至今在彝族乡村中还广泛流行着穿蓑衣的习俗。

蓑衣是树叶衣的发展和延伸。蓑衣有好几种：棕叶衣、响草衣、树皮衣等。其制作工艺仍保持原始的传统，不使用任何工具，全凭双手把一片片叶皮撕开、揉顺编结而成。蓑衣穿在身上，犹如一件草制的披风。从反面看，则是十分细密精巧的网状衣，从适用到观赏都无可挑剔。当然蓑衣对彝族来说，如今大多只作雨具使用，但情有独钟，有出门不离身的依依不舍之情。这实际上是对古代"树叶衣"的追念，是一种特殊感情的寄托。有意思的是，蓑衣在彝族社会中曾有过特殊的地位和作用，成为尊贵的象征。

第二节 秦汉时期

　　秦汉是中华民族形成统一强大国家的时期，同时也是以彝族为主体的西南地区各族人民最早开发祖国大西南的时期。彝族先人占据了西南地区的部落政权或联盟的主导地位，这些政权或联盟顺应时势，先后被划归到秦汉王朝版图之中，成为多元一体的中华民族统一国家的一部分，在这一阶段为统一的中华民族国家的建立做出了重要贡献。

　　在中国西南地区，有部分少数民族政权的存在时间纵跨秦汉两代，最终被中央政府设置了郡县，正式被归纳入了大一统的版图中。其中，有考古发现实证和文献记载证据多者，有古滇国、夜郎国等少数民族部落联盟或者政权。下文将以古滇国为例来说明彝族先民的服饰是怎样的。

　　根据地质资料和考古研究分析，当时人们居住在滇池附近的丘岗台地中，即今天的云南省晋宁县一带，这些地方有许多溪流水源可以利用，彝族先民在这些地方集聚起了许多群落，形成了大大小小的部落村寨。汪宁生先生曾以晋宁石寨山出土青铜器上的人物发饰和服饰形象，将其分为椎髻、解发、结髻、螺髻四类。这四种除解发外，其他发式的特点都是打结的，这是彝族先民古夷人的普遍发式，可见滇国的主体民族滇人即古夷人。出土的青铜人像除了发式也可见古滇人的服饰，古滇人男子着宽大的对襟外衣，衣长较长，可至膝下，袖子宽大且长度到肘部，腰间系带。古滇人女子外衣与男子形制基本相同，内着里衣，穿着时外衣敞开露出局部里衣。贵族妇女的外衣衣袖加长，图案以及装饰更为繁复。

到了汉代，汉代的中央政府曾经多次使用各种手段想要将滇国纳入汉的版图均未成功。汉武帝时期，中央政府派出军队自东北向西南进击，击碎了滇王国的联盟阵线。当时的滇王只能同意入朝及设郡县等要求。同时汉武帝又颁给滇王一枚王印，继续让其管理旧国属民。由此开始，中原中央王朝及内地官吏、士兵、商人等，不断往来于西南地区，或驻军戍边屯田种植，或移民建城修路，或开矿经商置业，或兴办学校教育，汉夷关系逐步密切融洽，不少汉族"变发从俗""夷化"融合到彝族中，逐渐形成了一批强大的地方大姓势力，彝族社会发展也由此进入了新的历史时期。

西南地区在西汉末年时期的经济以及社会就已经开始逐步发展，并且在西汉末年就形成了强大的地方势力。由于汉王朝的衰颓，这些地方大姓势力统治下的西南地区不仅社会形态复杂，而且存在着严重的民族矛盾问题。此时

的彝族中强大的地方势力在汉文史书中被成为"夷帅"。《后汉书·西南夷列传》记载东汉时期，西南地区爆发了以彝族为主的反抗中原王朝的战争。这次起义反抗战争后来虽然被镇压，但也严重削弱和动摇了东汉王朝的统治基础。而彝族各部首领也趁此混乱之机，加速扩大了私人武装"部曲"。

在东汉末年的战乱时期，东川彝族录竹录遏家（阿于歹）、乌撒家（俄叔必额），以及恒、武、乍等部落都趁机向四周扩展地盘。同时，各部之间纷争频繁。默（黔）郎勿阿纳攻占了今贵州西部及云南彝良、镇雄、威信一带，建立起了强大的奴隶制政权。武部在与默（黔）部的战争中失败，大多数退缩到滇中和滇西地区。留下的一部分在其后裔"兹夺阿武"（汉文中所记的孟获）的带领下，在今寻甸、曲靖等地又逐步形成了一支力量强大的势力，并成为之后与蜀汉相抗衡的主要力量。

在建宁、晋宁、朱提、越巂、平夷、永昌郡北部以及夜郎等地的彝族各部势力都有了一定的发展。历史上，从今天的贵州到云南的一些著名彝族土司，都是在这一时期打下基础并勃兴起来的。作为一方军事、行政首脑集于一身的"夷帅"，仍然是各部落的领袖和贵族，他们在生产力有所发展的基础上，从本地区、本民族以及相邻的其他民族中获得了较多的牛、马、羊、猪以及皮张、毡毯、金银等物资和金钱。

与此同时，西汉时期移民到彝族地区居住的汉族地主、商人的后代，融合到当地彝族中或与彝族"夷帅"联盟而被称为"耆帅"，雍闿就是当时西南彝族地区一个比较有名的"耆帅"。东汉末期，随着东汉王朝在西南彝区行政管理的削弱，这些"耆帅"与"夷帅"联合侵占了越来越多的土地，势力随之越来越大。

图 1-2　彝族二龙戏珠平绣土司马褂
（图片来源：云南民族博物馆）

第三节 魏晋南北朝时期

自蜀汉至东晋前期，南中和宁州"耆帅"的分布区域，主要是朱提郡（今云南昭通贵州威宁、水城，四川高县和珙县一带）、建宁郡（今云南曲靖）、牂柯郡（今贵州黄平县以东地区）、晋宁郡（今云南滇池周边地区）、云南郡（今云南楚雄州西部和大理州）以及永昌郡（今保山市）的部分地方。西晋末年，整个南中地区都处于"夷帅"和"耆帅"的统治之中，此时彝族比较大的部落有"五十八部"，这些汉文史书中的记载与彝史书的记载基本相吻合。

东汉末年，在今天的云南、贵州、四川的彝族地区，秦汉以来的内地汉族移民"大姓"，即内地汉族移民中的地主、商人以及部分官吏，与当地彝族中的夷帅同流，共同把持了南中彝区的地方政权。南北朝时期，滇池地区为"南中大姓"（汉裔土著势力）所统治，其后爨氏依靠叟人（彝族先民）称霸南中四百余年。《彝族史稿》中将南北朝至唐初的彝族分布地划分为三个区域，即爨氏统治区（今云南曲靖至楚雄）、仲牟由家族统治区域（今滇东北及黔西北）以及落兰家族统治区域（金沙江以北）。直至唐朝，在中央王朝的镇压下，爨氏的统治才结束。

魏晋南北朝时期，中央王朝频繁更迭，中原长期处于战争和封建势力割据的分裂状态，朝廷难以顾及南中。这样一来，就使在南中的宁州大姓爨氏因而得以发展。其间，南朝时期的萧齐王朝甚至曾终止派遣宁州刺史，而北朝的西魏和北周又都相继任命爨氏为宁州刺史，使爨氏势力更加强大。彝族服饰形制的形成期是在两汉时期，此时彝族族群内部的文化与外部其他少数民族以及中原汉族的文化碰撞激烈并且频繁，到了魏晋时期，彝族聚居区域战乱动荡，各方势力割据称雄，族群内部成员等级分化，直至唐宋时期才逐渐趋于稳定。

第四节 唐宋时期

唐初，洱海地区的古代居民经过不断的分化组合，逐渐形成了"白蛮""乌蛮"等一些处于部落发展阶段的共同体。一般说来，乌蛮与近代彝族有族源关系。到了公元7世纪，分布于哀牢山北部和洱海地区的乌蛮形成了蒙舍诏、蒙嶲诏、越析诏、浪穹诏、邆赕诏、施浪诏六大部落联盟，史称"六诏"。

唐宋时期彝族被称为"乌蛮"，其中又分为许多部落族群，有"东爨乌蛮""西爨乌蛮"和"北爨乌蛮"之称。其服饰基本沿袭汉晋时期的传统，但已出现了地区特色和等级差别。《新唐书·南蛮传》说"乌蛮——士多牛马，无布帛。男子坐髻，女子披发，皆衣牛羊皮。"这是当时彝族民间普遍的衣装情况，但不同地区又有差别。《蛮书》载："邛都、台登中间（今西昌一带）皆乌蛮也。妇人以黑缯为衣，其长曳地。"又云："东有白蛮，其丈夫妇人，以白缯为衣，下不过膝。"这段记载表明，唐宋时期彝族服饰不仅有了地域的差异，而且不同支系的服饰在服色和款式上都有了各自的特色。《通典》记述云南乌蛮在南诏统一前，"男子以毡皮为帔。女子施布为裙衫，仍披毡皮以帔。头髻有发，一盘而成，形如鬘，男女皆跣足"。南诏统一后，彝族服饰上的贵贱已显露。《南诏野史》记载："黑罗罗……男子挽发贯耳，披毡佩刀。妇人贵者衣套头衣，方领如井字，无襟带，自头罩下，长曳地尺许，披黑羊皮，饰以铃索。"彝族服饰唐宋时期有了很大变化，但只局限在上层社会，至于广大民众，基本上保持"椎髻、跣足、披毡"的传统。

此时的西南地区在众多民族与部落的交往中以及中央政府的干预等多种因素下先后产生了几个地方政权。时间跨度较长、控制区域较广、经济政治文化方面发展较大的有南诏政权、大理政权、罗施政权、罗殿政权。

一、南诏国

　　唐朝中期，彝族先民乌蛮蒙氏蒙舍诏在唐王朝的扶持下吞并了其他五诏，统一洱海地区，建立了南诏国这一以彝族为主体的多民族政权。其首领皮逻阁被中央王朝册封为云南王，与唐王朝廷保持着友好的关系，并逐步形成了一些以彝族为主体，包括白族、纳西族等在内的奴隶制权力集团。南诏国的建立，不仅结束了该地区长期纷乱割据的混乱局面，增强了中华民族大家庭的团结，还加快了西南夷地区的经济发展和社会进步。

　　《通典》卷 187 曾记载洱海地区彝族先民的生产生活与服饰穿着的情况。此时的彝族先民已经有了成熟的养蚕缫丝织布的技术，男女服饰已经初具现代彝族传统服饰的雏形，已经有了类似"查尔瓦"（这是对彝族服饰披衣的一种约定俗成的称谓，不是彝语，也非汉语）形制的披毡。南诏是以彝族为主体建立起来的地方政权。在这个奴隶制政权统治下，各级官员服饰都有严格的规定："其蛮，其丈夫一切披毡。其余衣服略与汉同，惟头囊特异耳。南诏以红绫，其余向下皆以皂绫绢。其制度取一幅物，近边撮缝为角，刻木如樗蒲头，实角中，总发于脑后为一髻，即取头囊都包裹头髻上结之，然后得头囊。若子弟及四军罗苴以下，则当额络为一髻，不得戴囊角；当顶撮髽髻，并披毡皮。俗皆跣足，虽清平官大军将亦不以为耻……贵绯

紫两色。得紫后有大功则得锦。又有超等殊功者，则得全披波罗皮（虎皮）。其次功则胸前背后得披，而阙其袖。又以次功，则胸前得披，并缺其背……妇人一切不施粉黛。贵者以绫锦为裙襦，其上仍披锦方幅为饰。两股辫其发为髻。髻上及耳，多缀珍珠、金贝、瑟瑟、琥珀。贵家仆女亦有裙衫。常披毡及以缯帛韬其髻，亦谓之头囊。"

　　对南诏朝廷服饰的等级制度，不仅史籍记载比较明确，在当时的宫廷画中也表现得非常明显。据学者对《南诏图传》和《张胜温画卷》的研究，画卷中的人物衣饰可分为三个等级。首先是最高统治者南诏王，头戴圆锥形冠，旁有双翅高翘，官吏无冠，以布缠头。南诏王和官吏皆穿圆领宽袖长袍，有的系有腰带，南诏王的长袍外有一披风，即"披毡"或"波罗皮"。嫔妃也着宽袖长袍，头梳双髻且下垂。南诏王多着靴，官吏和嫔妃有的着鞋，有的赤足。其次是地方官吏的服饰，男头顶梳一髻，穿右衽或圆领宽袖长袍，女子梳肥大的髻，也穿宽袖长袍。男子皆赤足，有的穿草鞋。再次是其他少数民族服饰。男子额前梳一髻，穿窄袖短衣，长及膝，裹腿赤足。

二、大理国

唐昭宗天复二年（902年），郑氏建立起"大长和国"，南诏国自此灭亡。南诏国灭亡后，自郑氏开始相继出现过"大长和""大天兴""大义宁"三个腐败的短命政权，其快速灭亡的主要原因就是得不到王国内主体民族乌蛮的支持。后晋天福二年（937年），通海节度使、白族人段思平在其舅爨判以及东方三十七部乌蛮的大力支持下，建立起了历时300余年的大理国政权，大理国是一个多民族国家，王族为白蛮（白族先民），主体民族为白蛮和乌蛮（彝族先民）。

两宋时期，由于大理国对其东部地区控制力量的减弱，也由于自南诏中、晚期以来东部地方势力的发展，彝族先民先后在今贵州省西部、西南部和云南省东南部建立了罗殿国、罗施国、自杞国等地方政权。这些政权各有自己的地域与势力范围，对内进行政治、经济、军事等事务的管理，对外则周旋于宋朝与大理国之间，对彝族历史的发展和西南地区民族关系的走向产生了深远的影响。

大理国中百姓的服饰与南诏国时期大致相同：白蛮（白族先民）崇尚白色，服饰受到汉族服饰文化影响较大，大理国中的男子服饰基本与汉人相同，女子着短衣。乌蛮（彝族先民）则崇尚黑色，椎髻跣足。无论白蛮乌蛮，大

理国中国民无论贵贱皆披毡。《岭外代答》中描述"蛮毡出西南诸蕃，以大理者为最。蛮人昼披夜卧，无贵贱，人有一番。""西南蛮地产绵羊，国宜多毡毳，自蛮王而下，至小蛮无一不披毡者，但蛮王中锦衫披毡，小蛮袒裼披毡尔。……昼则披，夜则卧，雨晴寒暑未始离身。"并且，根据在四川和云南等地的考古活动发现的大理国时期的人俑和壁画可知，大理国的服饰有着严格的阶级划分，王室成员、臣子、军人和普通百姓之间的服饰结构特征有一定的差距。

三、罗殿国和罗施国

罗殿国和罗施国都是彝族先民建立包含多民族的地方政权，同族同源，二者既有区别，又有密切的联系。罗殿国的始祖为彝族六祖分支后形成的部系，发展为播勒家支，唐朝会昌年间，罗殿首领被唐朝封为罗殿王，世袭爵。其控制区域以今贵州安顺为中心，涉及今贵州平坝、紫云、镇宁、关岭、晴隆、六枝等地。罗殿国关系与宋朝较为密切，马匹交易、商品交易和文化交流十分频繁，《可斋杂稿》卷17记载，当时宋朝广西转运使李曾伯曾令宋朝官员从邕州派周超、唐良辰等人自罗殿国、自杞国搜集情报。蒙古军攻下大理之后，兵威指向罗殿国，罗殿国王降。

罗施国是在唐朝的支持下立国的，历经唐、五代、宋，共立国 444 年。结合彝文史籍记载，罗施国王族源自彝族六祖分支形成的黔系，后发展为阿者家（又称慕俄格或水西家），亦即后来水西安氏的祖先。罗施国与罗殿国，虽然分属于古代彝族的不同家支，但两国关系密切，而且罗殿国首领曾是罗施国的"别帅"。另外，两国之间有姻亲关系，且通过这种关系，有效地协调对宋、元中央政权的立场。

第五节 元朝时期

13 世纪中叶，忽必烈率兵南下，将战乱中的中原纳入元王朝的统治之内，并相继征服大理境内的大小政权，结束了地方割据。元朝为了有效控制彝族等少数民族地区，在少数民族地区实行"土流参治"的土司官制度，并建立云南中书省（简称行省或省），此时的彝族统称"罗罗"。这一民族政策既适应了彝族地区的实际发展情况，又使流官和土官互相监督，达到相互制约、稳定社会发展的治理目的。

元王朝实行的这种土官制度实际上就是封建统治者实行的一种"以夷制夷"的治理形式。土司长官同中央王朝的关系十分密切，他们分别受路、州、府、县控制，承担

赋税征役，接受征调。元王朝时期的土官制度，就如《彝族史稿》所载："元统治者没有把全部地方政权交给他们，（他们）只负担征发差役、赋税。"宣慰使以下土官虽然有一定实权，但他们也不能像过去那样在当地我行我素，为所欲为。但他们作为封建王朝的地方官吏，与流官不同，他们可以世代承袭，而流官则不可以。土官的继任者多为子侄、兄弟或妻子。为了防止冒袭、错袭，还规定了承袭的顺序，即先子、后侄、再兄弟，无子侄兄弟者，妻子亦可承袭，但必须是同一民族。元王朝还规定了土官赏罚制度。元朝对犯罪土官的处理，一般都坚持"土官有罪，罚而不废"的原则，以此化解中央政权与土官间的对立情绪，进而巩固元朝廷在彝族地区的统治地位。

到了元代，记述西南地区的历史、地理、社会情况的文献也逐渐增多，大部分史书中对于彝族先民族群的他称是"罗罗"，也有写作落落或罗落。李京《云南志略·诸夷风俗》记载："罗罗即乌蛮也。……自顺元、曲靖、乌蒙、乌撒、越巂皆此类也。"罗罗即南诏、大理国时期的乌蛮各部。其中有以虎为图腾的"卢鹿蛮"。"卢鹿"读音类似"罗罗"。《滇志》有云"其初种类甚多，有号卢鹿蛮者，今讹为罗罗。"元初，汉族人已经习惯称呼该部的人成为"罗罗"，而后就用这个称呼来泛指西南地区所有与"卢鹿蛮"有相同文化习俗的族群，从而使"罗罗"一词成为大部分彝族先民所处族群的官方通称。

李京在《云南志略》中记述周详："罗罗……男子椎髻，摘去须髯，或髡其发……妇人披发，衣布衣，贵者锦缘，贱者披羊皮……室女耳穿大环，剪发齐眉，裙不过膝，男女无贵贱皆披毡跣足。"这些服饰部分沿袭了部分唐宋时期的穿衣习惯和特征，并且受到了元人髡发习俗的影响，彝族男子部分髡发去须，部分仍像从前一样椎髻。《彝族服饰考》中提出，如今四川凉山地区的"天菩萨"就是元代"罗罗"受中原主流发式影响的遗风。

第六节 明清时期

明代洪武初年（1368年），云南地区的实际控制权仍然在梁王把匝剌瓦尔密手中，此时朱元璋因明朝初建，认为"云南僻远，不欲用兵"，曾先后数次遣使劝降，遭到梁王拒绝，随后失去耐心的中央政府只得采用军事手段，并于明洪武十五年（1382年）平定云南。随后的十几年时间里，云南地区曾爆发规模性的反明战争，一直到明洪武二十七年（1394年），才完全实现"自是以后，诸土官按期朝贡，西南晏然"。

"明清时期是彝族地区社会经济快速发展的变化时期。"明王朝对彝族实行分而治之的政策,在云南设置"三司"行政机构,即云南都指挥司、云南布政使司、云南按察使司,三司下又设府、州、县,并通过调整行政区域使彝族分布区域形成跨云、贵、川三省的格局,防止地方权力集中。在实行与内地一致的府卫参设的中央集权统治失败以后,转而采取"宽猛适宜"的统治政策。在平定西南彝区以后,继承了历代王朝"以夷治夷"的政策,在承认元王朝时期所授予的宣慰使、宣抚使、招讨使等土官官职的基础上,并让他们官复原职。与此同时,为了防止地方权力集中,将元朝时期总揽军政大权的行中书省改设为承宣布政司、提刑按察使司和都指挥使司三个地位相当的省级权力机构。在三司之下设置府、州、县政权机构。三司根据各自不同的权力,对彝区各府、州、县进行治理。明代云南大部分彝族地区都由领主制转变为封建地主经济制度,相比之下,黔西、滇东北地区直至清代才开始逐渐转变为地主制,个别地区甚至残留完整的奴隶制度。可以说"明清时期是彝族地区社会经济快速发展的变化时期。"

明代以前人们只用"罗罗"来指代生活在云南地区的部分彝族人民,到了明代,"罗罗"一词则经常被用来代指云南境内所有的彝族先民,四川、贵州等地的彝族大部分也被冠以"罗罗"的称谓。在文献史料中,所有的彝族支系基本上都在"罗罗"一称的基础上加以区分,比如:

黑罗罗、白罗罗、干罗罗、妙罗罗等。四川境内的彝族，主要分布在北至大渡河，南及金沙江地区。

元、明、清时期，彝族经过南诏统治以后，政治、经济都有了很大发展，从古代半农耕、半游猎的生活逐步定居下来，形成"大分散、小聚居"的局面。由于特殊的地理环境和历史原因，出现了不同支系和不同地区的地域文化，反映到服饰上，就是支系不同，服饰就不同，即使是同一支系也往往因居住地域不同而各有千秋。这在明清以后的文献中反映非常突出。特别是康熙以后，兴起了地方志的修纂活动，省志、州志、县志纷纷修成，其中都不同程度地记载了彝族服饰的地域特色和支系间的差异。在各地的图志书考记录中，四川地区的彝族"男女插发，著长衣，腰系皮带，曰饥索饱。裹帕，赤足……妇人纽发蟠头上，身着绣花长衣，无袴，赤足，外披细毡衫覆之"；云南地区的彝族"男子椎髻披毡，摘去须髯，以白布裹头，或黑毡缦竹笠戴之，名曰茨工帽。""妇人蟠头，或披发，衣黑，贵者以锦缘饰，贱者披羊皮，耳大环，胸覆金脉匋。"可见各地区彝族的服饰风格基本保持着从唐代就开始的"尚黑、披毡"或"羊皮、椎髻"的特点，并且服装一直有着阶级划分的功能。

清代，彝族人口的分布区域与明朝时期基本相同，分布于滇、川、黔、桂四省区。在经济社会的不断进步和高度发展的中央集权制度之下，清政府决定，在条件成熟的

区域大规模实行改土归流政策。统治者在条件成熟的区域
大规模实行改土归流，从此大部分彝族地区封建领主经济
衰落、地主经济发展，但凉山地区仍保留了奴隶制度。

清代彝族经过千年的迁徙、繁衍和发展，传统服饰中
的地域性的差异化也越来越明显。时至晚清，人口繁衍，
支系派生，彝族已经遍布滇、黔、川、桂大部地区。由于
历史、地理条件的不同，彝族社会发展出现了不平衡的现象，
到新中国成立前夕，仍保持着封建地主制、领主制、奴隶
制三种社会形态。服饰的发展受社会经济、思想文化的影
响很大。因此，此间彝族服饰呈现不同支系、不同地域的
格局。这种格局在晚清年间的文献资料中均有记载。

民国年间，多修县志，彝族服饰记载更为详细。其中
有代表性的如《马关县志》："花倮罗，倮妇服长及膝，
跣足着裤，服色青蓝，以布裹发而盘于头，甚朴素也。倮
男反是，领襟、袖口、裤脚俱绣二三寸之花边，袖大尺余
而长仅及腕，裤管亦大尺余。前发复额及眉，后挽髻而簪，
顶花帕，全似女妆，此已可异。最怪者，其衣裤上身即不
易换濯。""花仆喇，服色用青蓝，领缘袖口衣边以红绿
杂色镶之。头帕上横勒杂色珠一串，珥坠形如陀罗，以海
巴（海贝）为美饰，尤多佩戴之。""牛尾巴仆喇，妇人
以毛绳杂于发而束之，粗如几臂，盘曲成圆，以绳维索，
平戴头上，径大尺余。""母鸡仆喇，服色青蓝并用，妇

女妆式仿佛白倮罗"。《丘北县志》将不同支系的彝族服饰记述得清清楚楚:"阿兀,即鲁兀,冠服同汉族,惟妇女戴荷叶箍莺嘴勒"。"黑夷,男子冠服同于汉族,惟女子头顶袈裟,遇尊长则障其面"。"撒泥,冠服尚青蓝,披黑白羊皮,女多用红绿色。以麻网束发,外用布箍连发辫挽之,若蟠蛇状"。"葛罗,穿麻衣,披羊皮毡衫。未婚者均蓄发,以细麻辫裹之,左右呈两珥状,饰以海贝。衣则以羊毛线,茜染五彩,织锦为章。莫分男女,惟女不穿裤,以麻布四幅为裙,膝下扎麻布一尺。男子有妻子后,岳家始为薙发,易以蓝布包巾。女子嫁后收发上箍,曰'大头',饰以璎珞"。"白夷,男皆短衣,女以青布包头,坠以璎珞,而系围腰,宽口裤脚"。

"白夷,男皆短衣,腰下用花布一方作帏裳。女无论少长,以海贝笼头,和马鞬勒状,上衣前短及膝,后长及踵,前方腰下仍以花布一方围之,长与胫齐,若四块瓦"。《中甸县志稿》则记载"倮罗族衣服多用大布,次毛巾,次麻布。男子皆短衣系带,挎刀盘发于胸前,如独角然,故谓之老盘,亦称独角牛。近多薙发,冬夏皆喜披毡,夏则赤足,冬则屡能蹂羊毛为毡袜、毡帽、以御寒。妇女皆系百褶大布或麻布,毛巾长裙,跣足,以青布褶为八角,首蓬而顶之"。

彝族服饰受地域环境影响,色彩纷呈且品类繁多。因此,服饰既是民族文化的显性表现,同时也是文化交融的体现。

第二章
彝族服饰的形成因素

　　一方水土养一方人，服饰的产生与自然环境息息相关。人们在利用自然、改造自然的同时，也被自然所同化，服饰作为人类生存的需要，其质地、款式等必然要适应当地环境。彝族先民就是用这种因地制宜的智慧创造出异彩纷呈的彝族服饰。此外，一个地区服饰的产生并不是单一由地理环境所影响和生成的，历史变迁中的社会环境也深刻影响着服饰的形成与变化。因而，彝族服饰不仅发挥着防寒保暖等效用，更是民族文化的重要符号载体，传颂着彝族古老的精神文明，是族群内部识别和认可的统一标识。

第一节 彝族服饰的区域分类

由于彝族分支众多，文化底蕴深厚，彝族传统服饰也呈现出百花齐放的特点。"目前全国彝族服饰不同款式有三百多种，每种款式又因年龄、婚丧、等级的区分而又有多种，所以彝族服饰号称有千种之多也是无可非议的"。可以说，彝族服饰是彝族古老神秘文化的再现，是民族信仰与自然界、与社会交互作用的结果，其服饰的产生和发展亦如其他文明史一样，有着自身的规律和完整的体系。

如今，学术界依据彝族各地服饰的特点，并参照被称为"社会化石"的语言分布情况，将彝族服饰划分为凉山型、滇东南型、楚雄型、红河型、滇西型、乌蒙山型六大类型。在这六个类型下又分为若干种样式，每一种样式又都有它独具的特色和特殊的穿戴艺。

一、凉山彝族服饰区

凉山彝族服饰区操彝语北部方言，主要分布于四川凉山彝族自治州及云南的宁蒗、永胜、华坪、永仁、元谋地区。

凉山彝族服饰区保留固有传统文化较多，男子青布包头，妇女戴头帕，男女老少披羊皮褂和披毡。这一地区的服饰特点是厚重朴素、典雅尚黑，兼具实用性及审美性。

凉山彝族服饰区内根据服饰裤脚的大小，又可以划分出三种类型。

美姑式（俗称"大裤脚"式）：操"义诺"土语，流行于四川的美姑、雷波、甘洛、马边、峨边、昭觉、金阳及云南的巧家、永善等地。

喜德式（俗称"中裤脚"式）：操"圣扎"土语，流行于四川的喜德、越西、冕宁等县及西昌、盐源、木里、昭觉、金阳、德昌、盐边和云南宁蒗、中甸等县的部分地区。

布拖式（俗称"小裤脚"式）：操"所地"土语，流行于四川的布拖、普格及金阳、宁南、会理、会东、德昌、西昌、昭觉、盐源、米易等县和云南的元谋、华坪等县部分地区。

凉山型彝族传统服饰总的特点是厚重、朴素、保暖，以黑、黄、红色为贵为美，衣料以传统自织自染的毛、麻、棉织品为主。"义诺""圣扎"男子头缠四丈多长的青布包头，头顶留一块方形的头发，再用头帕竖立并将其编成一个小

图 2-1　凉山彝族青年传统服饰

辫，俗称"天菩萨"或"英雄结"，彝族人视其为灵魂居住的地方，神圣不可侵犯。所地男子青布包头，没有英雄结。男子上身外罩羊皮披毡，披毡似汉族的"斗篷"，彝语称"查尔瓦[1]"。内穿右衽青黑色棉质土布或麻布短衣，下穿长裤，长裤的裤脚分大、中、小三种。

凉山型女子服饰因在不同的方言区而差别较大，女子婚前多带头帕，生育后戴帽或缠帕，着重修饰颈部，戴银领牌。妇女上装一般为大袖的短衣，具有强烈的彝族风格，上衣的肩领部、胸前及衣缘部分多采用挑、绣、镶等各种工艺，饰有传统涡纹、羊角纹、水波纹、万字纹、回纹等。袖口通常绣有三四节各色布边，衣领领口配有银质或金质领花。每到寒冬季节，女子便在外面披一件黑色单层或双层羊毛披毡。女子下着百褶裙，大多长可及地，褶多细密。裙身右侧挂一个精美的三角包，形状似三角形，有简单刺绣，下垂数道飘带，三角包多数用来装针线和女子杂物，既可盛物，又是颇具特色的装饰。

---

[1] 也称"擦尔瓦"，是对彝族传统披衣的一种约定俗成的称谓。

值得注意的是，小凉山的彝族男女，都要举行成人礼的服饰仪式。男孩举行穿裤仪式是在七至九岁，女子到十七岁举行穿大裙子的仪式。仪式由村中年长而又子女多的女性主持，用一种红黑色羊毛织成的裙子绕姑娘头部或大腿部三圈，以示祝福，然后脱下短裙穿上大裙子。这种裙子要织七道线。仪式还必须在羊圈的羊粪堆旁举行，因为羊粪肥地，姑娘在此地改穿大裙，能多生育子女。

图 2-2　凉山各区域彝族女子传统服饰

二、滇东南彝族服饰区

　　滇东南彝族服饰区说彝语东南部方言。其服饰类型主要流行于云南省东至广南、富宁，南至马关、麻栗坡，西至弥勒、开远，北至师宗、昆明的滇东南地区以及广西壮族自治区的那坡等地。主要的彝族支系有纳苏、阿哲、戈濮、尼、阿细、白倮、花倮支系。滇东南彝族服饰区款式繁多，类型多样，以麻栗坡、富宁、弥勒等地服饰最具特色，尤其在女式婚服、殓服中保留着贯头衣特色，男子服饰更是除凉山型服饰之外保留最为完好的服饰类型。滇东南型服饰工艺以挑花为主，兼施平绣、打籽绣、贴布绣、辫绣、皱绣、马尾绣、数纱绣等；传统面料以自织自染的棉布、麻布为主，麻栗坡、富宁、那坡等地保留完整的织染工艺，可代表中国彝族纺织技艺的最高水平。

　　本服饰区内包括路南、弥勒、文西三种形式。

　　路南式：说撒尼土语。服饰以前短后长的右襟、中长裤、系腰裙，饰背披为主要款式。女裤裤脚偏大，头饰布箍为本式服饰的突出特点之一。路南式服饰主要流行于路南、弥勒、丘北、昆明等地。

弥勒式：说阿哲土语。本式女装基本款式为右襟或对襟衣，下为长裤（女长裤裤脚偏小），挂遮胸式围腰，系腰带。服装的挑花面积大，主要流行于云南省弥勒、华宁、宜良、泸西、文山、砚山、丘北等地区。

文西式：说阿扎土语。服饰保留了较多的传统色彩，女装大襟短衣、对襟衣，有中长裤，也有长裙。服饰工艺以蜡染、镶补为主。该服饰主要流行于云南文山、西畴、麻栗坡、富宁及广西那坡等地。

三、楚雄彝族服饰区

楚雄州地处滇池与洱海之间，东接乌蒙，北依金沙，南邻哀牢，是古代各部彝族辗转迁徙之地，也是彝语六大方言的交汇地带，故服饰种类、颜色、款式皆纷繁多彩。其主要彝族支系有俚保、俚颇、纳苏、乃苏、诺苏、格苏、纳罗支系，其中俚保、俚颇支系的服饰较为典型。楚雄型彝族女装的基本款式是右大襟衣和长裤，头饰以公鸡帽最为典型，具有强烈的支系识别性。男子着短衣长裤，服饰日趋时装化，但仍不同程度地保留着"披羊皮""衣火草布"以及着贯头衣、穿裙的古老习俗。

楚雄彝族服饰区包括三种类型：龙川江式、武定式和大姚式。

龙川江式：本型女装上衣较短，多为浅色，外套黑色坎肩，下着长裤，佩胸围腰，绣有各种花卉图案。妇女头饰多以青布缠头，形如圆盘状，或以绒花点缀，或缀满银花、银泡。男子服饰基本款为短衣、长裤，服饰日趋时装化，但传统的羊毛披毡、大襟短衣、绣花兜肚和绣花凉鞋仍保留在部分中老年人之中。本式服饰流行于楚雄州境内龙川江两岸的牟定、楚雄、南华及双柏等地。

大姚式：本型女装款式有两类。一类如大姚昙华、三台等地及姚安苴门、光禄一带的大襟衣、长裤。一类如大姚桂花妇女的对襟衣、中长裙，流行于楚雄州西北部的大姚、姚安、永仁等县。服饰色彩有的艳丽，镶有黑、黄、红花边，有的素净，只右襟有云纹图案。姑娘的头饰裹绣花帕，常缀有海贝、银花、银泡、彩穗等，婚后包青帕。

武定式：本式服饰女装基本款式为右大襟衣，长裤，系围腰，上衣环肩处多装饰以一排彩须或银穗，裤脚饰彩色花饰段，女子头饰为各种绣花帽，如凤凰帽、蝴蝶帽、公鸡帽、樱花帽等。部分地区女青年保留着佩戴传统的火草披风、穿贯头衣的古老习俗。本式服饰主要流行于楚雄州东部的武定、禄丰、永仁、元谋、双柏，昆明市的禄劝、富民以及曲靖的寻甸等县。

四、红河彝族服饰区

红河彝族服饰区多说彝语南部方言，主要流行和分布于云南省红河哈尼族彝族自治州东北部以外的大部分地区和毗邻的玉溪市新平县、峨山县、元江县、楚雄彝族自治州双柏县以及普洱市的墨江县。其主要支系有尼苏、仆拉、姆基、山苏支系。红河型服饰类型款式多样，结构复杂、配饰繁缛，主要代表纹样为龙纹、火焰纹、马缨花纹，传统面料以自织自染的棉布、麻布为主。红河、绿春等地现在仍保完整的染织工艺。

红河型彝族男子服装与各地彝族基本相同，多为立领对襟短衣，宽裆裤。女子服饰则款式多样，有长衫，也有中长衣和短装，大多衣外套坎肩，普遍着长裤、系围裙，服饰喜嵌银泡，头饰喜以银泡或绒线作装饰，以银饰为贵为美，精美的银饰装饰也成为红河型服饰最典型的特色。服饰色调用色对比强烈，造成鲜艳、明朗、夺目的装饰效果。

本服饰区内包括元阳式、建水式、石屏式三种类型。

元阳式（说聂苏土语）：本服饰类型女子多戴帕或形似鸡冠的"公鸡帽"，女装多为高开衩大襟衣衫，一般多着两件衣，内有花饰长袖（或套袖）衣。其外多为半臂衣，衣为右衽，长至膝或胫，下穿宽腿长裤，束宽大的腰带，有的妇女还着银泡坎肩。元阳式服饰主要流行于元阳、新平、红河、金平、绿春、江城、墨江等县的山区。

建水式（说石屏土语）：花腰支系彝族。本型服饰男装以衣襟密钉长襟或饰银币扣为特色。女装为大襟衣，宽腿长裤，衣外或套坎肩，或戴围腰，或同时着用，上衣有宽博和紧身两种，衣、裤、围腰均有绣饰。建水式服饰主要流行于建水、石屏、新平、峨山、蒙自、个旧、开远、通海等地区。

石屏式（说石屏土语）：以花腰彝支系为主，服饰色调尚红，有大面积刺绣。另外有普拉支系、捏苏支系，服饰以蓝黑为主调。石屏式男装大多为立领对襟衣，宽腿裤。女装多为紧袖大襟衣，衣外套对襟坎肩，一般不系扣，着长衫者有将衣襟撩起束于腰后的习惯。

五、滇西彝族服饰区

滇西彝族服饰区讲彝族西部方言。滇西是古代南诏发祥地，也是彝族重要聚居区之一。滇西型服饰主要分布于云南省大理白族自治州全境、普洱市西北部、楚雄彝族自治州西部以及临沧市、保山市局部地区，受白族影响较大，服饰色彩丰富、款式变化多。主要支系有腊罗拨、迷撒拨、

俫俫、尼苏、俐侎、罗武，腊罗拨支系服饰为滇西型服饰的代表。滇西地区服饰包括两种形式，即巍山式和景东式。

滇西地区不论男女大都喜欢披带尾羊皮褂，此为滇西彝族古俗。近200年来，滇西彝族服饰受其他民族影响较大，与传统服饰审美产生变化。女子盛装多为绿色、红色，缀绣花套袖，以花为型的装饰较多。女子结了婚就不戴帽子，改为结发髻，裹包头，发髻上戴"别子"。"别子"用银做成，分为四串，每串有个灯笼绣球、两个响铃和两条小鱼。包头巾之外，再饰以银串珠、亮珠、银制或珐琅制的"荞角吊"数串。耳戴银制大耳环，多镶嵌红绿宝石。女子上衣为右衽大襟，前短后长，领、袖及襟边镶以层次不同的金银丝瓣或宽窄不同的手绣花边。

领褂用红布做成，领口上安着七个"披巴"（彝语）。披巴上用银鼓钉凑成五个叶子，组成葵花形，有的还用五块装饰。领褂的四边皆用银鼓钉镶嵌，共四排，每排三十六颗。一件领褂，要用两百多颗鼓钉，加之胸前佩戴银或珐琅制的"三须"针筒、菱吊、串珠和鸡心形绣花荷包（也称"针线包"）等，真是银装玉裹、辉煌艳丽。

妇女大都在腰间前方系围腰布一块。布上镶绲多层金银丝瓣或自绣图案之花边。其图案有柿子花、牡丹花、太阳花、狗牙花及凤串牡丹、丹凤朝阳、几何纹样等。

图2-3 巍山地区彝族女子裹背

（图片来源：北京服装学院王羿教授团队）

无论未婚或已婚妇女，背上都有一个圆形绣花"裹背"。"裹背"用羊毛擀制而成，直径约尺余，内外两层，中可承物，上绣两对太阳花，一大一小，对称排列。"裹背"除用作装饰外，还用以保护后腰，既有欣赏价值，又有实用价值，是彝族服饰中最为典型的一件饰物。

与妇女的服饰相比，男子的服饰则要简单很多。男子大都穿对襟无领的蓝布衣、宽大的黑布裤。但每人1～2件上好的羊皮领褂是必不可少的。羊皮领褂非常讲究皮色的好坏，做工也与一般的不同。它的腰边两侧，各安着两面精制的小镜子，镜子两边系着若干条皮子做成的飘带，显得潇洒大方。

六、乌蒙山彝族服饰区

乌蒙山彝族服饰区讲彝语东部方言。气势磅礴的乌蒙山自古以来就是西南彝族的发祥地，彝族始祖"六祖分支"的传说就源于此。元、明以前，服饰较为传统，与大、小凉山服饰相近。清代以来，受其他民族服饰影响，服装款式发生较大变化。

乌蒙山型服饰基本款式：男女均缠包头，男子上着右衽长衫或对襟长袖上衣，下穿宽筒长裤，部分地区披毡。女子着大襟右衽长衫、长裤，女服盘肩，领口、襟边及裙沿有花纹，部分地区系围腰，以曲靖、东川、寻甸、威宁、毕节等地最具特色。

乌蒙山彝族服饰区内主要的支系有尼苏、纳苏、葛颇，服饰主要包括威宁式和盘龙式两个类型。两种服饰的共同特征是青蓝色大襟右衽长衫，所不同的是，"盘龙式"头帕多为白色，系黑色围腰，两条花飘带垂于身前。而"威宁式"头帕有白色也有黑色，多系白布腰带，着绣花高钉鹞子鞋。

威宁式：主要流行于贵州毕节的八个县与六盘市的六枝、水城和云南昭通的镇雄、彝良、威信及四川叙永等。

盘龙式：主要流行于贵州盘县以南至广西隆林一带。

图 2-4 贵州地区彝族传统服饰

第二节 孕育彝族服饰的环境要素

一、地理环境与服饰

环境是人类生存条件和社会发展的重要物质基础，不仅决定着服饰的实用性，也影响着各族传统服饰特点的形成与发展。在自然环境的影响下，各地的服饰随着自然条件等因素，因地制宜地形成了各自独特的样式和风格。而彝族分布滇、川、黔、桂四省区，居住区地形复杂、海拔悬殊，有"一山分四季，十里不同天"之说，不同的气候条件形成了不同的地域性特征，便根据彝族分布地区不同的基本气候类型，将彝族服饰分成了与之相适应的三种基本服饰类型。

（一）长冬无夏型

服饰为长冬无夏型的彝族主要分布在云南西北和东北部的迪庆、丽江、昭通等地。该类地区海拔基本保持在2800米以上，气候相对寒冷。因此，服饰构成以保暖为主要功能，披羊皮或羊毛毡，制衣原料皆以羊毛为主。长冬

无夏型地区的彝族用自织毛褐（较粗糙的毛布，当地叫作"土毛呢"）来做上衣和外褂，外面再披羊皮或羊毛制作的毛毡。如中甸、丽江、宁蒗等地彝族妇女上身内穿长袖对襟立领衣，下着百褶长裙，普遍披黑色或白色羊毛毡。滇东北彝族男子穿较长右衽衣，穿长裤，外衣披羊皮或羊毛毡，系腰带。民间谚语"身穿万件，不如腰系一线"的说法，反映了当地彝族人天长日久的御寒经验。

（二）温和型

此种形态的服装形制为上衣下裤，制衣原料以棉麻为主，主要分布在滇中、滇东、滇西海拔1500～2000米的地区，如昆明、玉溪、曲靖、大理、保山、思茅、红河、临沧等地，其中以昆明最为典型。昆明素有"春城"之美称，四季温差不大，冬暖夏凉，这一带坝区较多，也有低山丘陵。在坝区生活的民族衣着一般简洁，上衣下裤，裤管宽松，下地干活方便，外加坎肩，多用棉、麻布料，住在山区偏冷地带的则加披羊皮或毡。在坝区居住的多是白族人，少数是彝族。大理市郊彝族服饰受白族影响，妇女衣服的色调倾向蓝绿，上穿窄袖斜襟湖蓝色小褂，下穿深绿色宽腿长裤，腰系艳丽花边围裙，圆形或八卦形的护腰兼饰物由纯羊毛白毡制成，称为"裹背"（"背

图 2-5 寻甸地区长冬无夏型彝族女服
（图片来源：楚雄彝族自治州博物馆）

图 2-6 红河个旧的温和型彝族女服
（图片来源：楚雄彝族自治州博物馆）

图 2-7 麻栗坡长夏无冬型彝族女服
（图片来源：楚雄彝族自治州博物馆）

扇"）背在身后，又可盛装随身小物件。大理山区海拔较高的彝族，人人都有一整张羊皮做的羊皮褂，以适应山地的寒冷气候。

（三）长夏无冬型

此种彝族服饰类型同为上衣下裤和上衣下裙，上衣为短装或中长衣，宽裆裤，衣以简单、轻薄、凉爽、透风为主要特征。长夏无冬型的彝族地区服饰基本款式是上衣下裤，个别地方如云南文山、麻栗坡、金平的马鞍底、金水河，广西那坡等地穿裙。上衣的特点是衣短，多数衣长仅及下腹或腹部正中，裤管宽、裆宽、凉爽通风，款式简单，衣料轻薄，多以浅色、柔软、透气性好的布料为主。

二、人文环境与服饰

（一）神话传说

彝族服饰作为民族文化的一种符号载体，内涵丰富，功能全面。它讲述着彝族流传的古老神话传说，是一部具有神秘色彩的彝族史诗。千百年来，彝族先民在迁徙、定居和发展中形成了独

图 2-8 彝族传说中的荷叶帽和百褶裙
（图片来源：中国摄影师杨追奔）

特的民俗文化与审美取向。他们用神话的方式来回答关于本与源的问题，然后又用服装服饰来表现、记录、传承这种古老的文化密码。

在整个中国彝族庞大灿烂的服饰体系中，带有神话色彩的传统服饰形制数不胜数，许多独具特色的服饰元素背后，可能就会蕴含着一个令人意想不到的神话传说，这些传说无一不隐含着彝族人民对于美好与生机的向往。比如大理州的巍山、弥渡等地的彝族妇女，喜欢佩戴在白毡上用黑线绣两个圆形和方形图案的"裹背"，据说那对圆形的图案代表蜘蛛。在彝族的传说里，从前有几个姑娘跑入洞中避难，万幸的是千钧一发之时，洞里有蜘蛛在洞口织了网，阻挡了追兵的视线。姑娘为了感激蜘蛛救命之恩，就将蜘蛛绣在毡子上，同时也是祈求平安的意思。另一说法是，"裹背"上端的方形是两只眼睛，因此邪祟就不敢从后面偷袭，具有驱邪避难的作用。

百褶裙与荷叶帽是彝族妇女典型的装饰。楚雄彝族地区的公鸡帽，同样也诉说着一个美丽的传说。据说在一个古老的彝族村落里，有一对互相爱慕的青年男女在森林里约会时不幸被魔王发现，小伙子不幸被魔王所残害，而姑娘因不堪忍受魔王的侮辱而在树林中匆忙逃命，在临近村庄之时，村中的雄鸡正好高声鸣叫起来，吓跑了追来的魔王，而小伙子也在雄鸡的鸣叫中醒了过来。从此，彝族人便认定公鸡是正义力量的代表，能够赶走邪祟，也是爱情和幸福生活的卫士。彝族的姑娘们也戴上了公鸡帽，在祈求平安的同时，表达对生活的美好祈愿。

（二）风情习俗

1.节日活动

彝族有几十个传统节日，其中有很多节日是由对祖先的祭祀、对英雄的纪念和未来的祝颂等仪式演变而来。有的节日是直接源于生产生活，或与生产生活密切相关的男女爱情。民族节日活动是民族歌舞的盛会。在彝族民族节日中，音乐、舞蹈、服饰荟萃，为彝族服饰文化的展示提供了广阔的舞台。

火把节是彝族人民最为盛大的民族传统节日，在火把节等重大场合，无论男女老少，彝族人往往穿上自己珍藏已久的华丽盛装参加各种民族传统活动，并将最隆重的民族服饰展示给大家。所有彝族的少妇少女们都盛装出席，她们身着镶满银泡、银饰的马甲，腰系尾饰，头戴鸡冠帽、头巾或缀满银饰的银帽，色彩绚丽夺目，款式磅礴大气，银饰品闪闪发光，叮当作响。

楚雄彝族自治州自古为多种方言的交汇之处,受到汉族文化影响较深,当地彝族的节庆与汉族传统有一定的相似性,如正月春节和元宵节,二月八过小年,四月清明节,五月端午节,七月中元节,八月中秋,腊月除夕等,都体现了彝族人与汉族人在民俗文化上的交融。除此之外,楚雄彝族不同的地域还有各种独具民族特色的节庆,如三月三花会、赛装节、插花节、跳虎节、杨梅节、跳笙节等,体现着彝族独特的风尚习俗和生活意趣,有着深厚的传统文化沉淀和群众基础。在重大的节日,彝族人往往穿着最隆重的民族服饰,这一点尤其以云南永仁县直苴地区的赛装节最为突出。云南楚雄永仁县直苴地区的赛装节,也是展示彝族服饰的盛大舞台。赛装节源于古老的"伙头制"的交接及祭祀活动。每逢正月十五这一天,姑娘们会穿上自己亲手缝制、最为隆重美丽的服饰,有的姑娘甚至一天要换五六套衣服,头戴"公鸡帽"。整套衣裤鞋帽花红叶绿,蓝天白云,日月星辰,花鸟禽兽,刺绣针针细腻,线线密匝,放眼望去,简直就是花的世界、花的海洋,将彝族服饰之美展现得淋漓尽致。

彝族阿哲女子在火把节、密枝节等节庆期间会到山里,摘来麻粟树叶,缝树叶衣穿。她们用黄茅草做针,把树叶缝成头帕、飘带、围腰、挂包、银链等衣饰,树叶围腰穿在上衣外面,帽子形同"陆色"帽,树叶缝制的服饰古朴自然,一方面体现了阿哲人不忘本,对原始传统服饰的纪念与传承；另一方面也凸显了阿哲女子手艺的灵巧精妙。

与多数彝族支系不同的是，位于云南省东南部文山州的花倮支系彝族人民并不过火把节，而是盛行过荞菜节。花倮人将每年农历四月第一个属龙的日子，定为花倮支系彝族的传统节日——荞菜节。这一天，全村男女老少皆穿节日盛装，展现花倮人的服饰之美。全村老少共跳芦笙舞，通宵达旦庆祝"荞菜年"。不仅如此，心灵手巧的花倮姑娘还会将"荞"演化为三角形的图案，缝制在民族的传统服饰之中，以示后人不忘先辈所受的苦难，常怀感恩之心。

2.婚嫁

同其他许多文化表现形式一样，彝族的家庭及婚姻民俗是丰富多彩的，而且在保持彝民族基本共同点的同时，也表现出了地区间的社会生活以及历史文化。

砚山县阿舍乡的彝族花仆拉人，青年男女婚恋比较自由。花仆拉人的寨子一般都有专用的恋爱场所——"闲房"。这种"闲房谈情"，多以吹响篾、吹巴乌相约，然后才到"闲房"中交心谈情。如有了相爱的意中人，女子便会装作做活计的样子，随意中人到男方家住上一晚，次日早晨起来后，主动给男方父母端水洗脸，以此暗示男方父母，她同他们的儿子已有婚约。之后，男女双方又一起到女方家，男子也主动帮

女方家做一些挑水、担柴之类的劳动，即算是正式订婚。

麻栗坡县董干镇花地坪村一带的花倮人，旧社会有一种"牵牛做媒"的习俗。做媒的人要从男方家牵一头牛到女方家去说亲。媒人到女方家时，开始两天不得与女方家的人随便说话，只管整天赶牛上山去放牧。直到第三天，已两天沉默寡言的媒人，才开始同女方及其家人说话，并正式提亲。若女方及其家人同意，便开始杀牛办酒席，牛肉除媒人留一条腿肉带回男方家外，其余都给女方家，以作宴请亲朋好友之用。花倮人平时办事杀鸡比较随意，但婚事杀鸡却是禁忌，因此，花倮人结婚的所有过程都不杀鸡。

彝族青年男女从恋爱开始，到步入婚姻的殿堂，服饰礼仪和观念一直贯穿其中，成为他们热爱美好、追求幸福的见证。彝族女子追求美丽，华丽精致的女子服饰不仅展现了彝族服饰的精致华美，也是新嫁娘心灵手巧的内在显示，更是她们走向人生新阶段的标志。

婚礼当天，彝族新娘会穿上最华丽的传统服饰盛装，佩戴各种银帽、银泡、银饰，通过迎亲、祝福、拜祖、喝交杯酒等步骤开展婚礼仪式。她们身上这套最珍贵的婚礼服饰，会珍藏到去世入棺，作为丧服。例如丘北县白彝僰人女子婚礼，具有彝族女子婚礼的典型。头帕是僰人婚礼中的特色之一，僰人一生只会使用两次，第一次是在结婚时佩戴，第二次则是女子去世后。头帕款式为长方形，后侧黑色布料与刺绣布条接壤的位置有缝合；左侧中心位置缀有两条彩色珠子以及红色毛质缨穗；右前侧长方形转折处则是缀有一条，两面不对称。在佩戴时，后面中心位置由于有缝合点，因此产生了一个立体结构，形成了一个起翘的形态，刚好形成了一个类似"鸡冠"的帽子，美观的同时，也增加了佩戴时的稳定性。头帕整体以黑色布料为中心，两边对称分布，长方形头帕的前长边和两侧有彩色贴边，并绣有连续的犬齿纹样图案。长方形的两侧短边有对称式宽边刺绣，与外面绲边形成一体。除此之外还有刺绣贴布，刺绣图案以花卉和蝴蝶的连续性纹样为主，有期盼美好爱情的寓意。

结婚时的翘头鞋比平常的更艳丽，喜搭配色彩明艳花纹，翘头鞋前中有明显的分割线，上面有绲边装饰包边，装饰范围是上至翘头转折处，下至鞋底前端，缝合后形成尖状凸起，类似于公鸡的"鸡冠"。鞋子整体以红色为主，黑、白色为辅，只有红色部分有刺绣图案，一般是以翘头为花，树枝和叶子向两边延展至鞋后跟，衔接自然，有婚礼的喜庆之意。

彝族阿哲女子的婚礼服则与常服形制一样，主要在于面料的不同，婚礼服面料通常为丝绸，上面的绣花部分也必须用丝线绣，丝绸颜色有黑色、蓝色、紫色、玫瑰红色等。新娘要头戴银光闪烁的"陆色"帽，上身内穿浅蓝色"中衣"，

外套亮丽多彩的绸缎"大衣";颈部围可以活动的银泡领饰;胸部穿戴齐胸式围腰,用银虎链系挂;下着镶饰绿布的小管长裤;脚套鞋口拼接白布的翘尖马靴式绣花布鞋。双手各戴 2～4 只银手镯,中指、无名指、小指分别戴一个银戒指,耳挂丝坠式银花耳环。这天的新娘,银光耀眼、多彩多姿,美丽的服饰衬托出新娘妩媚动人的身姿。

出嫁的时刻,新娘走出闺房,要踏上他乡之路的那一刻,要解下"陆色"帽上的 4 根飘带,使飘带在新娘身后长长地拖地而行,直到走出房门被新郎家的人背走。据说,这样新娘就可以把自己在娘家的福气"拖"到婆家。新娘要离开家门的当口,还需头顶红头帕,并要由娘家人用红线拴两面镜子挂在身上,一面挂在前胸,一面挂在后背,相当于照妖镜,有驱邪避魔的说法。

新郎戴瓜皮帽,穿青蓝色绸缎中长对襟衣和纽裆大管裤,衣襟扣座上钉有 36 颗圆形银扣,醒目而耀眼。自公鸡啼鸣声起,家族中的亲人便按与新郎关系的亲疏开始向新郎挂阿哲人的红,过去多为二丈长的宽幅红布,现在多用红色毛毯或被面代替。先是干爹干妈挂红,然后是亲舅舅依大、小舅顺序挂红;再是父亲姊妹依序挂红;再次是母亲姊妹依序挂红。挂红时必须从左腋下朝右肩向上系挂于前胸。若是从上往下系挂,则被视为藐视新郎父母家人,新娘家则由其叔伯为新郎挂一条即可。

在彝族女子成婚之后，还有结婚改饰的习俗，女子结婚之后，不再佩戴少女时期的鸡冠帽，换成带有刺绣图案的黑丝绸包头巾或抹额。在彝族的头饰中，已婚和未婚的女子，无论是编发还是挽髻，抑或是巾帕的缠绕造型，也会因为不同地区、不同支系而有不同的规定。

（三）宗教信仰

彝族人世世代代居于云贵高原和康藏高原东南部边缘的高山河谷间，因地理环境、社会经济、交通条件等种种因素，使其服饰仍保留着彝族先民原始宗教的痕迹。一些原生图腾虽然离开现代数千年之久，但透过五彩斑斓的图案、色彩及各式各样的服饰，仍然可以看到彝族先民们对虎、竹、火、日、月、星等各种图腾物的虔诚崇拜，对祖先遗志的传承。彝族先民将祖先崇拜的印记绣在服饰上，作为氏族的标志或象征和保护神，像一种无形的力量，在表达了对祖先的祈求护佑的心理的同时，又增强了民族凝聚力。

彝族的宗教信仰与其他民族的宗教信仰一样，也经历了漫长的历史发展过程，经历了自然崇拜、图腾崇拜、祖先崇拜三个历史发展阶段。

1. 自然崇拜

由于过去彝族地区生产力极其低下，只能被动消极地应对自然，于是便认为存在的万物皆有灵性，自然中的物与现象皆有生命力与意志力，并对其加以崇拜。在彝族的原始崇拜中，彝族人认为万物有灵，自然界的天、地、日、月、风、雨、雷、电都具有神灵的意志和主宰，人们为了幸福安宁的生活，必须崇拜尊敬它们，因此自然崇拜十分普遍，其中又以天崇拜、地崇拜、水崇拜、火崇拜最为普遍。这一朴素的宗教信仰，蕴含着彝族人民对生活的美好祈愿。在没有文字记载的时代里，他们在自己的民族服饰中留下了自己朴素的信仰，将自然界的一切现象及变化，包括自然界日月星辰的变化、山川河流的奔涌，都在服饰上淋漓尽致地表现出来。如今的彝族，至今仍保留着请"毕摩"做法事、制作"祖灵"以事供奉的习俗。

彝族人崇火，彝族是一个尚火的民族，认为火是战胜黑暗的神灵，能给他们带来吉祥和平安，温暖和幸福，对火有一种近乎于天然的崇拜。如今云南的巍山、泸西县等地仍旧保留着祭拜火神的习俗，以此祈求丰收，躲避灾害，尤其是凉山彝民视锅庄为火神，严禁人畜触踏或跨越，农历

图 2-9 带有太阳纹样的凉山彝族服饰
（图片来源：螺髻山中国彝族服饰博物馆）

图 2-10　云南师宗马缨花刺绣女服
（图片来源：中国民族博物馆）

图 2-11　诺苏支系女子三角包中出现的
　　　　　蕨草纹
（图片来源：中国民族博物馆）

六月二十四日是彝族古老的祭火节，目的是祈求丰收，扑灭虫害。这一信仰也体现在服饰上。火焰纹在彝族服饰上十分常见，外形呈火焰状，内部弯曲如羊角或蕨类植物，主要以贴补制作而成。在过去，"火焰纹"一般用在女子帽带、腰带的边角部位，而现在彝族服饰里喜欢大面积使用火焰纹。火焰纹的使用，不仅体现了彝族的原始崇拜之意，也能够表现彝族人民热情奔放的民族性格和充满希望的生活状态。

彝族人以水为水神的化身而祭拜，如今的寻甸、昆明西山区一带的彝族依旧保留了祭水的习俗，祈求来年风调雨顺。在彝族服饰上，波浪纹图案因模仿水的波浪形状而得名。波浪纹与漩涡纹在外形上有一些相似之处，都是以漩涡的形状为主体。彝族人一般将这种绣在领口、底摆、袖口处、螺旋方向一致的图案，称为"波浪纹"。波浪纹还存在另一种形态的图案，同样是因模拟水波浪的形态而成，没有绵延的曲线，而是以更加跌宕的折线体现水面的波纹，体现出彝族对水的需求和热爱。

同样的，彝族人也把日、月、星辰当作神灵崇拜，其中太阳纹是彝族服饰中使用最多的一种

自然图案。彝族先民创作出多种象征太阳的纹样并绣在服饰上，体现对太阳的崇拜和信仰，并以此祈求驱邪避恶，获得保护。

彝族女子服饰上的花卉纹源于当地的自然环境，山野中的马缨花、山茶花等美丽的花卉都是彝族女子刺绣时灵感的来源，也是彝族花神崇拜的体现。例如马缨花被彝族群众供奉为花神，不仅形态美丽，而且具有万物的灵性，能驱魔祛病，福佑人们吉祥如意。妇女们将马缨花绣在孩子的肚兜上、裹背上，以求得孩子无疾无灾，也因此，马樱花的刺绣图案也是中国彝族服装上最常见的纹样之一，其中尤以楚雄彝族服装最具代表性，以鲜艳的马缨花纹样绣满了整个衣服，色彩艳丽，美不胜收。

在植物中，葫芦和竹子也被彝族人所尊崇。在远古神话里，葫芦和竹子曾经帮助彝族人度过了洪水灾害，至今在云南红河地区还有将葫芦挂在胸前保平安的习俗。除此之外，蕨类植物曾经是彝族人民重要的食物来源，彝族先民曾靠蕨类植物度过了饥荒，遂将其称为"救命草"。另外，蕨岌也可以用作生火、铺垫牲畜窝圈、祭祀，与彝族人民的劳动和生活息息相关。蕨岌纹代表了彝族人民顽强、坚毅的精神，同时，也因为其强大的生存能力和繁殖能力，被彝族人民看作是生命不息、多子多孙的象征。

2. 图腾崇拜

图腾崇拜是指人对兽化或者植物化图腾物的崇拜。彝族图腾崇拜极为普遍，是 56 个民族中图腾最多的民族之一，如虎、绵羊、水等。

其中，尤以虎崇拜较为明显。彝族人视虎为自己的图腾，相信自己是虎的后裔，以虎自命，且相信人和虎可以互变，认为人死后还要变成虎。今楚雄彝族自治州武定、大姚等县还流传着"人死一只虎，虎死一枝花"的谚语。在彝人眼中，虎不仅仅是彝人的祖先、死后灵魂的归处，更是世间万物之始、天地转动之力，是勇气、力量与英雄的象征。人们通过服饰来"仿虎"，在某种程度上将自身与虎相联系。这些较为原始的崇拜现象也可在服饰上寻到踪迹，如大姚桂花镇彝族服饰以大面积的二方连续抽象纹样进行装饰，形成极似虎皮的视觉效果；昭通、楚雄等地彝族新娘的盖头都绣有"母虎图案"；楚雄、大理、思茅等地的成年男子常在其对襟上衣的左右口袋两边及裤脚上绣有虎图案。这些都寄托了人们的美好祝愿，希望穿着者能勇敢强大、趋吉避邪，是图腾崇拜的直接表现。

图 2-12 云南大姚桂花镇彝族俚颇支系
女服中的虎崇拜

（图片来源：楚雄彝族自治州博物馆）

滇东北武定、禄劝一带的大多数彝族服饰流行"四方八虎"图，是虎图腾崇拜的具体体现。所谓"四方八虎"图，即传统主图为外四方套内四方，且内四方每方一树二虎，共四树八虎，与八虎相对应，衬以八朵彝族人民喜爱的马缨花，象征四方、八方吉祥如意。彝族母亲为将要降临人世的孩子准备的衣物中，多有"虎头鞋""虎头兜肚""虎头帽"等，表达对孩子的美好祝愿。孩子出世后舅家送往的贺礼里往往有一块"四方八虎"图为面饰的背布，以示舅家对孩子的美好祝愿，并期望这个背布能对孩子尽到护佑之责。这一方面表达对祖先和神灵的原始崇拜，另一方面也承载着驱魔避邪、请求庇护的含义。

彝族人还自称是龙的传人，以龙为图腾。云南红河州石屏县花腰彝每年都有祭龙日，红河金平地区彝族崇拜龙与黑虎，其地区的彝族先民将龙与虎视为宇宙万物的主神，以虎、龙自命，相信自己是虎与龙的后裔，认为树木是龙神寄居之所。这种龙虎的图腾崇拜，在服饰上均留下或深或浅的投影。金平地区的彝族服饰中，尾饰结构是其服饰的一大特征，最大的特点便是围腰底摆饰以精美的毛线流苏，穿着时将毛线流苏在腰部后方打结垂挂。这种尾饰的习俗实际即是彝族太古龙、虎图腾的映现，因为龙与虎都是有尾巴的动物,这种臀部尾饰的装饰造型,便是模仿了龙、虎的生动形象。今四川大凉山、云南小凉山、贵州西北部等地，某些彝族男子所穿的"查尔瓦"披毡背面的龙斗虎图案，武定中、老年妇女所戴龙、凤、八卦帽等，都是龙图腾崇拜在服饰中的体现。可见，彝族视"万物有灵"的自然崇拜观念与其服饰文化发展息息相关，然而，龙是汉民族最主要的文化图腾之一，是否深深影响了彝族的图腾崇拜与服饰图纹，有待进一步考证。

作为氐羌后裔的彝族人对羊一直有着深刻的感情。羊在彝族社会和经济生活中有着重要地位，多数彝人以牧羊而维生。因此，彝族民间的很多风俗习惯中都渗透着羊文化。这反映在服饰中，除了羊皮褂及羊毛披毡之外，羊角纹也极其普遍，出现在多个不同地区。例如楚雄地区的服饰上时常出现羊角纹，无形中反映了彝族人的生活状态。羊角纹作为羊的代表，有着祈福避邪的语义，也具有一定财富的象征。

云南楚雄独具特色的女青年帽饰鸡冠帽，体现出彝族人民对原始图腾——雄鸡的崇拜。公鸡在彝族的传统文化中是一种吉祥物，人们认为它能给人们带来幸福，能保佑人们免受邪魔伤害，可以守护人们的生活。因此，人们通过佩戴鸡冠帽，期望得到神灵的幸福与庇护。除了鸡冠帽外，虎头帽、鹦鹉帽、鱼嘴帽、狗头帽、火把帽，无

图 2-13　凉山彝族服饰中的羊角纹（图片来源：中央民族大学民族博物馆）

图 2-14　武定彝族鸡冠帽
（图片来源：中国民族博物馆）

一不是远古图腾崇拜的表现，记载着许多彝族美丽古老的传说。

3. 祖先崇拜

祖先崇拜是中国西南少数民族继图腾崇拜、自然崇拜之后所虔诚信奉的一种原始宗教，大约产生在母系社会向父系氏族过渡的阶段。它产生的理论基础是"灵魂不死论"。彝族人民相信万物有灵论。彝族人民对祖先的虔诚崇拜在服饰文化中也留下了深刻的辙痕，并使彝族服饰文化笼罩着神秘的色彩。

彝族人民对头部的装饰尤为精心，最初的头饰与原始崇拜特别是祖先崇拜息息相关。凉山彝族男子无论老少，头缠四丈多的青布包头，皆于头顶留一绺方形的头发，彝族称之为"天菩萨"。在彝族的传统文化里，"天菩萨"是父亲灵魂的居住地（带有明显的怀祖意识），不仅视其为天神的代表，能主宰一切吉凶祸福，神圣不可侵犯，也是一个男子尊严的象征、悍勇的表现，不能让人随便戏弄和触摸。除此之外，彝族为出生婴儿首次理发时要请毕摩占卜吉日，选择阳光明媚之日，由与孩子属性相同之人（男女老幼皆可）剪头，剪头之日要为婴儿缝制新衣，将剪下的头发缝在孩子的衣服或帽檐四角上，以求孩子健康成长。剪头仪式实际上是一种祭祖仪式。

彝族的礼服与祖先崇拜有着密切的关系。礼服即在婚礼、丧礼、祭祀礼、成丁礼等特殊仪式上穿的服饰。滇西小凉山彝族的成年礼祖先崇拜的韵味就很浓，女孩换裙礼要推算吉日，杀猪宰牛大宴女宾，后有一位年长多子的妇女用一红、黑、黄三色相间的折裙为少女祝福，用它绕少女的头部和腰部再让少女穿上，少男少女换成年服后要在祖先神、灶神前叩头，并请达巴向神灵祈祷，最后向祖先灵位所居之地锅庄处献佳肴，以报告祖先家庭内新增成员。滇东曲靖的彝族戈濮人，新娘结婚时的婚衣是婚前几个月内由新娘、新娘的母亲和新娘的姐妹共同缝制，只在结婚当天穿，留作死后做敛老衣。婚衣不得转借他人，不得变卖。新娘"姑姑帽"帽檐上的刺绣宽飘带解开后直拖到腿部，结婚当晚新娘要将帽带整齐地捆在帽檐上将帽子收起，留作长辈去世时的孝帽。

滇东北及滇西鹤庆县等地"葛泼"支系彝族青年以拥有火草领褂为荣。这种领褂做工精致、美观、舒适、耐用，但制作十分耗费精力，要跑遍"九山十八箐"，集中采集火草上万株、草叶千万片，才能采集到足够制作一件火草领褂的原料，再经过彝族女子精妙的纺织，缝制成了出门

作客的礼服。这也成了"葛泼"支系的标志性服装。

除了服饰款式外，服饰的颜色上也包含着彝族人热烈的祖先崇拜情感。彝族向来以黑为贵，认为黑虎是彝族人的祖先，在崇拜黑虎的时候，黑色也成了身份地位的象征，代表着高贵、财富、庄重、沉稳。今彝族男子传统服饰中以黑色为主，女子服饰也多以黑、青、蓝色为底色，女帽也以黑布为底，上用绣花和银泡进行装饰，毕摩的法衣也是黑色、青蓝色布长衫，由此可见祖先崇拜深深地影响着彝族人的服饰审美心理。

三、社会环境与服饰

秦汉以来，以汉民族为主体的统一的多民族封建社会的形成，引起了云南少数民族社会历史演进的重大变化，云南边疆与中原地理上的阻隔，随着汉族封建势力的不断扩张而渐次减弱。因此，封建中央王朝出于这样的三个目的对边疆民族地区进行经营和控制：一是扩展疆域，征服土著；二是巩固边防，防止地方割据和民族分裂，维护国家统一；三是开发边疆，转移人口，减少中原人口增长的压力，同时也向中原输送所缺资源和

图 2-15　带天菩萨帽的凉山彝族男套装
（图片来源：中央民族大学民族博物馆）

商品。但是，由于特殊的地理环境造就的特殊文化传统，处在封建政治、文化边缘的西南民族地区，无论在社会组织结构和政治制度方面，还是在生产方式和风俗习惯方面，与中原民族都有较大差距，很难与汉族社会相适应。这使封建中央王朝对西南民族地区的连续经营和控制，都产生了极大的困难。在反复的实践中，封建统治阶级认识到，要在"异俗异制"的西南边疆地区建立统治，就必须根据其社会特点，采取所谓"因俗而治"的策略，以减少可能引起的文化冲突或政治反抗。因此，他们在不适于建立直接统治的边疆少数民族聚居地区，实行"羁縻"统治。其政策的实际意义是：封建王朝对少数民族的统治，是通过少数民族的酋长来实现，即封建朝廷封授少数民族酋长一个职官称号，不过问其内部事务，仍由少数民族的酋长世领其地，世长其民，只要对朝廷表示臣服即可。

从元代起，封建统治阶级在总结"羁縻"政策的经验得失的基础上，改变了这一政策的形式，用土司制度取代了原来的分封制。其实质是在承认少数民族内部统治阶级既得的政治经济特权的前提下，把原有的地方割据政权变成封建王朝在少数民族地区的行政机构，以加强中央政府对少数民族地区的控制。随着土司制度的发展，一些土司利用手中掌握的政治经济权力扩充实力，在内部则互相兼并和剥削，又逐渐形成新的割据势力。正如马曜先生主编的《云南简史》所指出的"土司对内的压榨和互相兼并，

也给各地经济的发展造成严重的阻碍。"这直接影响了封建中央王朝在云南边疆民族地区的统治。因此，从明代开始，逐步改革土司制度，即所谓的"改土归流"。"改土归流"就是剥夺土司世袭统治特权，用内地汉族的流官取代土官，形成中央政权对少数民族地区完全的封建统治。

到了明清时期，由于彝族自身的频繁迁移、大量汉族移民迁入、土司制度的完善以及汉族思想的传入，氏族部落受到巨大的影响，同一氏族的成员可能分别处在两个或三个以上土司的管辖区域内，氏族地域逐渐演变成宗族或家族。彝族社会大部分地区也开始由奴隶制向封建制过渡。彝族进入阶级社会后，生活习俗也有了巨大的变化，其中最重要的一点是彝族的服饰有了等级的区别。彝族的土司、土官等贵族效仿汉族贵族的服饰面料，多穿丝绸质地的服装，主要以素缎、提花绸缎材料为主，质地细腻，刺绣精美，在色彩、裙子长短及饰物上与彝族传统服饰有着明显差别。而这一生活习俗也影响了普通彝族人民，例如阿哲支系彝族女子在婚礼时也会穿着昂贵的丝绸质地的嫁衣，日常则穿着朴素简单的棉、麻质地的衣服，但受汉族和其他少数民族文化的影响，结构是典型的满汉衣裤式结构，斜襟右衽。又如大黑彝支系，作为彝族支系中的贵族，昔日的"三十七部之首"，传统服饰服装用料以手工织的棉布为主，盛装则多以绸缎为主，体现出大黑彝支系人民崇高的社会地位，也体现出社会环境对服饰深刻的影响。

第三章
彝族服饰的文化特征

　　一个民族的传统服饰的色彩、结构、纹样的成熟以及多元往往象征着该民族精神文化的高度发达。中国传统彝族服饰的演变发展自千年前起始，随着彝族先民的脚步自中国西北来到西南地区，在横向和纵向的比较过程中都因其文化特征之突出，审美之多元而成为世界各民族文化研究之少有。

第一节 彝族服饰的色彩审美

中国少数民族服饰的色彩之美不仅是视觉体验上的审美价值，更是一个民族在漫长的发展过程中所形成的独特表达形式。如若可以将服饰色彩分为"形式"与"内涵"，那么"形式"代表的是视觉层面上色彩的明度、纯度和色相；"内涵"则是特定色彩中所指代的该民族的民俗文化、信仰等信息。不同的民族在特定的历史时期，传统服饰色彩中的"形式"与"内涵"都有着不同的搭配构成，这样的搭配与构成，正是一个少数民族族群利用自己独特的民族文化来进行身份识别与认同的表达形式。

彝族人崇拜大自然，相信万物有灵，将自然作为自己的表达方式，在自然中提取色彩，再用色彩表达并联系自然。他们从缤纷绚丽的大自然中获取灵感，提取出的色彩与彝族人特定的生产、生活条件息息相关，也彰显其对生命的认知和理解，传递着无比丰富的信息。

红、黄、蓝、白、黑五色为彝族人日常生活和精神生活鲜颜上色，也构成了从古至今在彝族人生活中有着重要的地位和意义的"五色观"。这五种颜色不仅对应着混沌初开时彝族人对于世界万物的认知，也对应着五行，对应着支系的名称，其中，黑、红、黄三色更是构成彝人日常生活的主色调。四川凉山地区的彝族的色彩文化也被称作"三色文化"。这三种颜色的身影从餐食上使用的漆器用具、建筑图案、手工艺制品，到节日盛装中的服饰配色，都从不缺席。黑色的沉稳庄重与红黄二色跃动的生命力交织，形成一种属于彝族亘古不变的色彩语言和文化表达，蕴含着其民族审美意趣，以及历史、宗教等诸多文化内涵。而随着时代变迁与多民族文化交融，还发展出绿、粉、橘黄、蓝等同色系的装饰色彩运用。

一、高贵的黑色

黑色常与庄重、高贵、财富、沉稳和智慧联系在一起。黑色在世界范围内诸多民族都作为服饰的主色来使用，彝族也不例外。彝族史籍《彝族源流》称"深邃三十三层地，成于黑色圆圈"，彝族人用黑色代表承载万物的大地，表示深邃、广袤和强大，包括所居之山、所栖之水也喜爱用黑色谓之名，如金沙江沿岸彝族称之为"诺矣"，即黑水。此外，彝族以黑为贵、为尊的色彩观念还与图腾崇拜、族源有着密不可分的联系，一是传说彝族的先祖是一只黑额虎；二是彝族源起西北羌戎，羌戎其衣尚黑。在重大的祭祀场合中，彝族最高首领土司要穿着肃穆的黑色服饰，毕

摩做法事专用的法衣、法帽等用具一律为黑色，祭祀用的牛、羊、猪等祭品，盘钵等祭器也都必须是黑色的。黑色在彝族人生命中不仅是对民族历史的承袭，也体现着含蓄而深沉的民族性格。彝族人民在过去恶劣的自然环境中艰苦创业，黑色布料物理性能上的吸热性强，保暖性好，耐脏耐穿等优质自然特性，是实用选择下的必然，也是勤劳、健康的彰显，并且黑色作为服饰底色，上面添加各种绣花装饰效果极好，是最好搭配、最具效果的色彩。

黑色在古代彝族社会中承担着区分阶级的职责。古代彝族人不仅服饰上尚黑，同时也认为黑色是血统高贵的象征。他们认为血统越高贵其骨头越黑，只有黑骨头的人才能做官。因此，彝族使用黑、白两色来划分、定义和形容过去奴隶制度下彝族人的贵贱等级，黑色象征着高贵，统治阶层的贵族被称为"黑彝"（彝语中称为"诺苏"，"诺"在彝语中有"黑"之意），而被统治的平民谓之"白彝"（彝语中称为"曲苏"，"曲"在彝语中为"白"之意）。历史文献中对彝族"乌蛮""白蛮"的称谓区分也可能出于这个缘由。在民俗活动中，崇黑的色彩观念也深入民心。旧时新屋建成，人们须先用柴烟将屋内熏黑才入住，在《新唐书·南蛮传》还记载着彝族先民的"墨面"习俗。现在婚俗中，新娘家女子用锅烟将迎亲客抹成大黑脸，以示对客人的尊敬。

二、激情的红色

红色对彝人来说象征着火光，是热情、是希望、是生命，象征着彝族对太阳、对火的崇拜。彝族的创世史诗《勒俄特依》《查姆》以及神话《天地万物的起源》和传说《火把节》等，均记载了彝族在天地开辟与自然界共同生存的漫长岁月。在彝族史诗中，人类就是由火演变而来，彝族人一生也离不开火，生活在火塘边，生命结束于火堆之上，火代表生命，代表光明与温暖。在尚武的凉山彝族地区，火又似勇敢者的鲜血，代表着胜利与成功。

每年农历六月二十四日是彝族传统的火把节，夜幕降临时，彝人手持火把照亮村寨和田野，形成一片红色的海洋，以驱逐邪魔，祈求丰收。儿童的鸡冠帽帽檐和帽尾都爱用红色，呈现母亲对孩童茁壮成长的期许。所地地区的羊毛百褶裙以红色最为尊贵、女子头发辫上要系红毛线绳，美姑地区的新娘头帕要大红色，诸如此类，这些都表明彝人对红色的喜爱和忠诚。

三、灿烂的黄色

黄色自古以来是中华民族传统的帝王色，象征着权利、富贵和尊严。但彝人爱黄则不取此意，凉山彝人把黄色视

为太阳，美丽而光辉灿烂，代表乐生之美，象征孕育万物的阳光，代表光明、富裕、健康。传说彝族先民支格阿龙射日救万民，最后天空中只剩下一只独眼太阳，自此成为正义的化身、人们崇拜的对象。彝人会用黄色来代表美丽善良的女性，另外，黄色也是玉米、青稞等谷物成熟的色彩，代表丰收、富足。黄色在服饰上，还有着健康和平安之意。孩童的帽子和背带上多用黄色绣线绣出美丽的纹样以祈求健康平安。

彝族的传统服饰中的色彩有身份识别的作用，体现着彝族的精神信仰和等级意识。穿着者的年龄、性别、社会地位、婚姻状况都会在服饰的色彩搭配中有所体现，除此之外也因穿着场合不同而改变色彩。总体来说，男装配色相对沉稳、素净；女装装饰繁杂，色彩对比鲜明，视觉上显得更有冲击性。老年人的服饰配色相对低调、内敛，以冷色调居多；年轻人和孩童的服饰配色则相对艳丽、明快，以暖色调居多。

彝族服饰配色体现了形式美的法则，相近饱和度的颜色搭配在一起给人明快醒目的视觉感，深色占主要面积起到调和作用，同时作为贴花饰花的底色，能更加凸显装饰效果，底色面积和装饰部分的面积形成的空间比例，显得构图饱满且不失节奏和韵律。其用色上色彩多而不杂，艳而不俗。

第二节 彝族服饰的图案寓意

　　早在远古时代，人类的祖先就在岩壁上用图案来记录和表达，文字也就逐渐通过这样的方式开始逐渐生成。在记录与表达的过程中，人类逐渐产生了审美的需求，开始将具象的图案进行抽象的艺术加工，总结出了一个民族最独特的、源于生活实践，又超脱于生活本身的艺术表达。一个民族的服饰，是该民族传统文化、宗教信仰、生产生活和审美情趣的综合体现，服饰上的图案也不仅是一种装饰、一种符号，更是一种文化、一种语言。服饰上的图案承载着彝族古老的传说和神话，也寄托着彝族人民的精神信仰，内涵寓意丰富，是彝族民族特色、宗教信仰、风土人情的缩影。这些图案不仅成为服饰上美丽的装饰，更像是一部记载了彝族人的生活的书籍，是彝族风土人情和民俗文化的完美纪录，按其内容和特点可归纳为抽象图案和具象图案。

一、抽象类图案

普列汉诺夫在《论艺术——一封没有地址的信》中曾指出，原始时代的抽象图案总是源于对生活中非常具体的对象的认识。对具体的物质存在的外形进行抽象是人类创造力提升的表现。并且，图案的抽象化极易造成观者纯形式的想象。抽象图案并非现代才被应用在服装服饰和纺织品上，中国早在唐代丝绸上就出现具有抽象形态的寓意纹样：马眼纹、鱼目纹、水波纹、龟甲纹、菱花纹、万字纹等。在彝族服饰和纺织品中，除了借助抽象纹样来表达意义，抽象纹样也极具审美价值，常被用来适应、搭配、丰富服饰整体的平衡感和美感。总的来说，抽象的点线面，撇开了形象的语言，更能单纯地体现纯形式的造型语汇和装饰形态，是服饰图案中占据重大篇幅的图案类型。

（一）自然类图案

1.漩涡纹

漩涡纹以形似漩涡而得名。漩涡纹在彝族人心中有多子的含义。在过去，彝族人民的生活环境比较恶劣，饥饿、灾害和疾病对人民的生存都是很大的威胁。因此，彝族人民非常注重子孙的繁衍。

图3-1 漩涡纹

图3-2 波浪纹

图3-3 太阳纹

漩涡纹最早是由代表阴阳交互，生生不息的双鱼图案演化而来，也与作为生命之源的水有关。凉山彝族人将代表多子多产的鱼和代表生命不息的水结合、变形、抽象、演变成了如今的漩涡纹。

2.波浪纹

波浪纹图案因模仿水的波浪形状而得名。波浪纹与漩涡纹在外形上有一些相似之处，都是以漩涡的形状为主体。彝族人一般将这种绣在领口、底摆、袖口处，螺旋方向一致的图案，称为波浪纹。波浪纹还存在另一种形态的图案，同样是因模拟水波浪的形态而成，没有绵延的曲线，而是以更加跌宕的折线体现水面的波纹。

3.太阳纹

太阳普照大地，给大地带来光明和温暖，彝族是以农耕为主的民族，很早之前彝族人就认识到粮食只有沐浴阳光才能生长，世间万物也都依赖阳光而生存，因此，太阳在彝族人民的心中有着重要的地位，极为崇拜。在银饰中，太阳图案常用在大型的头饰上，其用圆环代表太阳本体和太阳的光晕，用三角形或针形组成放射状的形态，用来代表四散照射的阳光。图案中还会搭配圆点、折线等装饰，使得太阳纹变化多样、形态丰富。

图3-4　火焰纹

图3-5　菱形纹

4.火焰纹

火焰纹外形呈火焰状，内部弯曲如羊角或蕨类植物。火焰纹主要以贴补绣完成。在过去，"火焰纹"一般用在腰带的边角部位，服饰中很少大面积使用火焰纹。现在则大面积使用火焰纹。据当地老人讲，彝族服饰中的火焰代表了四大文化中的"火"文化。彝族是一个尚火的民族，对火神的崇拜是彝族的原始崇拜之一。每年的六月二十四日前后，彝族都要过"火把节"来纪念火神，感恩火给予彝族人生命与力量。

（二）几何图案

1.菱形纹

"菱形纹"是运用最广的一种基础图案，通常作为分隔装饰使用，使用在两种纹样之间，充满变化感。除此之外，菱形图案本身也有着丰富的变化，除了正菱形的使用以外，还可以将菱形的对角距离拉长，或对其他图案进行套用，在菱形内部添加其他图形，由此组成丰富的复合图案。

图3-6 "回"纹

2."回"纹

"回"字在《说文解字》中的解释是："回，转也。从口，中象回转之形"。以连续的回旋形线条构成的几何形，纹样迂回曲折，寓意连绵不绝。彝族传统服饰上用到的是减笔组合型回纹，该类型的回纹减少回环状线条的转折圈数，使得纹样呈现的装饰风格从以前的密集、收缩变得规整、简约，纹样的整体感觉更加倾向于朴拙的自然美感。

3.其他几何图案

除此之外还有窗子花纹、方格纹、桃花纹样等，多以重复排列组合使用。运用在服饰上，颜色变化丰富、古朴典雅，排列组合极富新意。这些几何纹样不但可以单独使用，还可组织成群，单个复型的变化也十分常见。这种图案以挑花手法展现在服饰上，装饰效果极佳。

图3-7 其他几何纹样

（三）其他图案

"卍"字纹

"卍"原本不是汉字，而是梵文，意为"胸部的吉祥标志"，是一种宗教标志。佛经便将之写作"卍"字，发音也相同。尽管它被用作汉字，但多以图案的形式出现。吉祥图案中的"万字曲水"纹，因四端伸出、连续反复而绘成各种连锁花纹，意为绵长不断。

在彝族文化中，"卍"代表一对相交的羊角，羊角是彝族祭司占卜时用的法器，平面为阴，凸面为阳，占卜时两阳或两阴为凶卦；阴阳两面不平行为平卦；阴阳相交为吉卦，"卍"就像两只相交的羊角，象征着吉祥。"卍"与"十"字符也有联系，"十"是太阳的象征又是阴阳相交的反映，"十"与"卍"就像"羊"与"太阳"合一，具有吉祥如意的寓意。将"卍"绣在围腰部位，更是取"段字不断头"的美好寓意，希望能够集所有美好、吉祥于一身。

图3-8 "卍"字纹

二、具象类图案

具象图案是指有具体形象的图案，是使人一目了然，并能加以指认的图案，相对于抽象图案而形成概念，是图案的重要表现手法。彝族传统服饰中的具象图案多为模仿自然物象的创作。这种临摹自然物的行为来自于彝族人的自然崇拜。自然崇拜，是彝族人的精神生活中不可忽视的一部分。彝族先人在遥远的蒙昧时期就开始学着与自然抗争，也学着与自然共生。阴晴不定的大自然馈赠给他们生存下去的必要条件，有时却也让人意识到自己的无力和渺小。久而久之，彝族人形成了自己的原始宗教，彝族人民通过宗教祭祀、礼拜来祈福避灾。通过对这些自然事物的祭祀膜拜，将其意念化为图案装饰在器物、服饰上，达到祈求神明庇佑保护的作用。

图3-9　蕨草纹

（一）植物类图案

1.蕨草纹

蕨类植物曾经是凉山彝族人民重要的食物来源，彝族先民曾靠蕨茇度过了饥荒，遂将其称为"救命草"。另外，蕨茇也可以用作生火、铺垫

牲畜窝圈、祭祀，与彝族人民的劳动和生活息息相关。蕨岌纹代表了彝族人民顽强、坚毅的精神，同时，也因为其强大的生存能力和繁殖能力，被彝族人民看作是生命不息、多子多孙的象征。

彝族先民根据这种象征着生命且可以饱腹的植物，创作了蕨岌纹，将其装饰在衣物上，表达自己对蕨岌草的喜爱与感激，也渴望着蕨岌纹能给自己带来好运。蕨岌纹基本形态主要以代表蕨类植物的嫩芽的钩状线条为主，多为黑色，边缘镶嵌黄色的线。蕨岌纹常被用在新娘的盖头、妇女三角包上，寓意繁殖、多子，以及儿童的鸡冠帽上，取生命顽强、茁壮成长之意。

2.花卉纹

彝族服饰中的花卉纹源于当地的自然环境，常见的有马缨花、牡丹花、山茶花、梅花等，都是周边极常见的纹样。

关于马缨花，彝族有许多种传说和动人的故事。其中一种传说认为马缨花树是彝族祖先的保护神。传说当年洪水漫天，世间万物生灵多灭迹于这场洪水，生存的物种很少，天上飞的仅剩凤凰、水里游的仅剩蝌蚪……彝族的始祖阿普笃慕是受天神的引导藏于葫芦中。当洪水漫天时，葫芦因被马缨树杈挡着而没有被洪水冲走。洪水退后创造天庭的神鹰将葫芦从树杈叼到地上，阿普笃慕这才从葫芦里出来。因此，彝族人感恩马缨树，并且每年在马缨花盛开时，头戴马缨花庆祝节日，表示感恩马缨树恩泽，进而，马缨花成为彝族的族花。

彝族人与马缨花之间有着浓郁的情愫，不同彝族地区对圣花的敬畏方式不同。尤其在红河州金平地区和文山州的部分彝族山区，人们认为马缨花是圣洁的花，不能随便绣在衣帽上，这是对神花的亵渎。大部分彝族地区会将马缨花应用在服饰上，以求神灵庇佑。以石屏县地区花腰彝族刺绣中的马缨花最为饱满，独特的色彩和纹样组织方式，展现了花腰彝妇女的蕙质兰心。

彝族多居于山区，山茶花和马缨花是两种彝族生活中最常见的花卉，在彝族服饰上，这两种花也往往被同时采用来美化服饰，使彝族服饰远远看上去有花团锦簇之感。山茶花与马缨花同时使用时，马缨花往往最大最盛，表示其在彝族心目中的重要地位，山茶花往往居于次要位置，使整个图案的构图主次分明，相得益彰。

丘北县白彝僰人服饰中的牡丹花纹有很多种形式，既可单独使用，也可以单个四方八卦式的

图3-10　马缨花纹

图3-11 牡丹花纹

牡丹花纹板沿着藤蔓左右排列，搭配香炉花纹使用，虽然其形态的表现方式不同，但是我们却可以从其中的架构认出它的原型，这充分地体现出来彝族人民的创造力和想象力。牡丹花是百花之王，带有一种高贵典雅的气质，因此具有雍容端庄的寓意，还有富贵吉祥、繁荣昌盛、清高傲骨、美好期盼的寓意，是人们对美好生活的向往，体现了丘北县白彝僰人的人文情怀。

3.藤条纹

藤条纹体现了彝族人民观察自然又与自然斗争的生动内容。彝族人民大多生活在山区及半山区地带，带刺的树枝藤条常给他们在山中的行动劳作带来困难。彝民们通过将藤条纹刺绣在衣摆上，一方面增加了衣服的牢固程度，另一方面也是由于他们认为将藤条纹绣在衣服上，能够保佑人们顺利穿过密林，不被刺伤，蕴含了趋吉避凶的祝愿。

图 3-12 元谋地区的饰有花卉纹与藤条纹组合纹
　　　　样的裹背

（图片来源：楚雄彝族自治州博物馆）

图3-13 云南彝族八角花纹刺绣
（图片来源：云南民族博物馆）

4.八角花纹

　　八角花的花形种类有两种，一种是八边几何图形制，另一种是三边形和四边形组合成八角花形制。八角花被彝族人定为吉祥花卉，彝妇女除喜用马缨花做装饰外，最喜用的几何纹样就是八角纹。其在不同彝族地区的使用范围各有侧重，一般用在兵器、礼器、乐器和建筑上，而花腰彝妇女更喜欢将八角纹记录在服饰品上。关于八角花与彝族人的关系有多种说法，其中一种是八角花代表了"八方观"。《彝州考古》中记载，"八角花"与彝族历史中"八方观"有联系。也有文献记载，八角花象征对太阳神的崇拜。史料中记载彝族人创造使用的"十月太阳历"早于其他计时历法，同时表达了彝族人对太阳的崇拜。为了记录下神灵的形象，彝族妇女创造了"八角花"代表太阳，象征太阳的光芒普照万物，给予彝族人生活的光与热。无论哪种说法，可以得知"八角花"在彝族人心中非常重要，也被彝族人定为能带来"幸福、好运"的吉祥花纹。花腰彝妇女喜用挑花绣的方式表现八角花纹，且常与"卍"字纹结合使用，绣品花样与过去变化不大。

5.其他花纹

除此之外还有很多花卉纹样，如石榴花纹、松毛果花纹、蝶恋花纹等。其中，石榴花纹与蝶恋花纹皆为侧面角度描写，而松毛果花纹则是以俯视角度对其进行刺绣。石榴多子，常被人们视为多子的祥瑞之果，有繁衍后代的象征之意。松毛果花纹象征长寿、子孙满堂、早生贵子和家庭和睦。蝶恋花纹有人们对爱情美好期盼的象征意义，还有同谐音"福迭"的富贵之意。除此之外还有与农事相关的玉米、稻谷、南瓜等植物纹样，这些图案向我们传递了丘北县白彝僰人的朴实自然与积极乐观的生活态度，主题鲜明，赏心悦目。

（二）动物类图案

1.虎纹

在彝族的历史文化中，虎向来是一种重要的文化符号。彝族对虎的崇拜，最早可追溯至彝族先民氐羌氏族时代。据《山海经·海外北经》中记载，甘肃古氐羌中的一支为"有青兽焉，状如虎，名罗罗。"明代陈继儒在《虎荟》卷三中记载："云南蛮人，呼虎为罗罗，老则化为虎。"

图3-14　彝族饰有石榴与蝶恋花组合纹样的裹背
（图片来源：云南民族博物馆）

图3-15　虎纹

以刘汉尧先生为代表的"虎图腾说"更是认为"虎是彝族的原始图腾"，尤其是彝族中的罗罗支系与虎图腾有特定的联系，因"彝族以虎为图腾，最主要的表现本民族的自称与虎的名称的等同"。"所谓'罗罗'，在彝语中为'虎人'的意思。"虎是否是彝族的图腾在学术界虽存在争议，但"罗罗"自称与虎名称的等同无疑证明罗罗支系与虎崇拜文化的深厚渊源。楚雄地区虎崇拜现象也体现在该地区的彝族史诗《梅葛》中。无独有偶，云南北部楚雄地区的一些彝族聚居区至今相传着关于虎与世间万物的传说。"人类学会打猎、种庄稼、生儿育女，皆为老虎所教"。

在崇虎的彝人眼中，虎不仅是彝人的祖先、死后灵魂的归处，更是世间万物之始、天地转动之力，是勇气、力量与英雄的象征。人们通过服饰来"仿虎"，在某种程度上将自身与虎相联系，一方面表达对祖先、神灵的崇拜，另一方面也承载着去灾求吉、请求庇佑的语义。通过穿着行为所实践的虎崇拜，也在无形中加强了民族凝聚力，人们通过共同的祖先、神灵紧密联系，彼此认同。崇虎本身只是一种抽象的信仰，而通过将其转化为服饰中的视觉符号，使得这种文化得以不断传承，其成为一种被"书写"下来的集体记忆和不可或缺的重要文化符号，对族群历史认知具有重要的补充作用。

在服饰装饰纹样中，崇虎文化体现为"仿虎"行为，一是整体视觉效果的模仿，纹样的布局方式形似虎皮花纹；二是通过单独纹样对虎眼形态进行的模仿。另外，虎图案常常出现在童装上。当地常让儿童佩戴虎头帽，一方面是对儿童的美好祝愿，希望他们能具备勇敢、强大等品质，另一方面也是希望老虎的形象能庇佑儿童，避凶趋吉。

2.龙纹

宋代罗愿《尔雅翼·释龙》云："龙，角似鹿，头似驼，眼似兔，项似蛇，腹似蜃，鳞似鱼，爪似鹰，掌似虎，耳似牛。"龙作为华夏文明中最重要的图腾，人们崇拜龙，希望龙能帮助避邪除祟，战胜自然灾害，并祈盼守护家宅平安。除了中原地区的汉族人自称为龙的传人，古代西南少数民族地区也有许多民族自我识别为龙的后裔，以龙为图腾。在楚雄、石屏等彝族聚居区域有节日"祭龙"的习俗，该宗教仪式共有"请龙""祭龙""接龙"三个部分，整场仪式由专门的神职人员主持流程。龙作为图腾在彝族服饰中出现较少，仅偶见于红河州的绿春、云南大理巍山等地的彝族女装上。

3.羊角纹

作为氐羌后裔的彝民对羊一直有着深刻的感情，羊在彝族社会和经济生活中有重要地位，彝族民间的很多生活

图3-16　羊角纹

风俗习惯中都渗透着羊文化。反映在服饰中，除了羊皮褂及羊毛披毡之外，羊角纹也极其普遍，出现在多个不同地区、支系中。羊角纹作为羊的代表，有着祈福辟邪的语义，也是财富的象征。

4.犬齿纹

犬齿纹是彝族传统服饰应用频率高、应用广泛的一种图案，通常为细小的三角形二方连续排列使用，从各种头饰到袖口裤脚都常见这种纹样。对彝族人民而言，狗是忠诚的守护者，而犬齿则具有辟邪护身的作用。

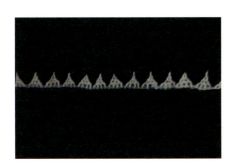

图3-17　犬齿纹

5.马齿纹

马齿纹是凉山彝族服饰中独特而又典型的一种图案，也是彝族服饰中最先出现的图案之一。最早，马齿纹仅仅用在男装中。古时彝族人家支械斗、战乱频繁，马匹在混乱时期成为族群中不可或缺的一部分，因此，武士们将马的牙齿嵌绣在衣服上，表示其英武善战，也是模仿武士冲敌人呲牙示威的样子。彝语称马齿纹为"姆

图3-18　马齿纹

支嘟",意为"镶嵌马的牙齿"。早期的马齿牙纹多大而粗犷,以白色牙齿下衬红色底的样式为主,常见于男装中,发展到后期,在女装上也出现了此类纹样,但是此时的马齿牙纹形状还较大。近现代,随着工艺技术的进步和人们审美的变化,马齿牙才变得越来越细密精致,所用的颜色也越来越丰富。

6.鸟纹

彝族服饰中的飞鸟图案运用较多,但以带有喜鹊和凤凰的吉祥图案为主,此外还有孔雀纹和雏鸡纹等图案纹样。目前飞鸟图案主要见于居于元阳一带的拉武、孟武支系,常见于服饰的前襟,背部装饰图案,常与花卉或蝴蝶作对称状排列。

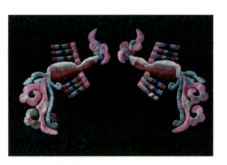

图3-19　飞鸟纹

7.蝴蝶纹

蝴蝶是彝族服饰中使用最广泛的一个题材,并且它的形态多种多样。蝴与"福"同音,有幸福富裕的寓意,另外与蝶恋花一样,蝴蝶图案还代表着美好的爱情。由于挑花工艺的局限性,使用挑花工艺的蝴蝶纹样都有棱有角,以抽象的几何形态为主,在结构上需要仔细分辨。

图3-20　蝴蝶纹

图3-21　蜜蜂图案

图3-22　鸡冠纹

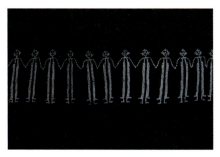

图3-23　人形舞蹈纹

8.蜜蜂纹

丘北白彝人服饰上的蜜蜂图案的使用概率很大，"蜂"与"丰"同音，象征五谷丰登，同时又象征勤劳勇敢。这种双层含义的纹样，用在服饰之上，体现了彝族人的精神智慧和乐观积极的心理状态。

9.鸡冠纹

公鸡自古以来在彝族人的心中便是驱邪避晦的吉祥象征。在过去，彝族人民常常受到虫害灾害，鸡以虫为食，可以帮人们消灭害虫，且公鸡报晓，母鸡产蛋，既是人们生产的工具，也能为其提供食物，是凉山彝族人重要的家禽类。同时，彝族古籍中曾记载，远古之中没有光明，是鸡的鸣叫使得光明来到了大地，因此，公鸡在彝族人心中也是光明的象征，自此也用鸡冠代表公鸡，创作出图案。此外，彝族人还有给儿童佩戴鸡冠帽的习俗，以表达对孩童的美好祝愿与期盼。

（三）人物图案

人形舞蹈纹

人形舞蹈纹样反映了楚雄地区彝族人"踏

歌""跌脚"的生活场景，是民俗生活的生动描绘。人形纹是以挑花手法挑成的二方连续人体变形纹，此纹样为手牵手正在跳舞的女性穿裙群体形象。"踏歌"是彝族传统歌舞形式，曾被称为"图腾歌舞"。云南巍山地区文昌宫的清代"踏歌"壁画描绘了四十余人在群山峻岭中的一棵古松树下围成圈，男男女女踏地而歌。这种民间歌舞活动常见于纳苏、俚颇、罗罗等彝族支系的女装服饰的裤脚上，再现了彝族人民能歌善舞的民族性格特征，别具匠心。

人形舞蹈纹样是一种最古老的彝族纹样之一，历史渊源可追溯至多年前属"马家窑文化"的一件红陶盆上，盆内上腹有组与今楚雄彝族服饰上相同的人形舞蹈纹样。考古学家认为马家窑文化属古羌、戎人的文化。今云南彝族源出古羌、戎族群，这是中国史学界一个比较为多数学者所接受的观点。多年前古羌、戎人崇尚的人形舞蹈纹样至今仍保留在楚雄彝族服饰上，如楚雄州东部的武定、禄丰、永仁、元谋、双柏以及昆明市的禄劝、富民，曲靖的寻甸等县的妇女裤脚有挑花人形纹样图案。可见，一种民族所形成的文化观念，它的传承性和影响力可以延续千年。

（四）器物纹样

1.窗格纹

过去的彝族房屋多以木质结构为主，彝族人喜欢将生活中很多随处可见的事物创造成图案，窗格纹便是绣娘们根据木窗上的格子结构创造而来。以镶绲的宽边迂回排列为四方连续构成的方格纹，排列一气呵成，融会贯通，寓意连绵长久。常以角隅纹样的形式出现在阿哲围腰、"大衣""中衣"的前后衣角处。

图3-24　窗格纹

2.火镰纹

火镰是凉山彝人用以取火的器具，人们把它当作火焰之源。彝人对火有着根深的崇拜敬畏之心，而他们似乎把对火的情感寄托在了小小的火镰纹样上，在服饰、器具上大量使用。多以单独纹样或二方连续纹样的形式装饰在女子服装罩衣的门襟和袖口、下摆处，或女子长衫的袖口和下摆处，单独纹样装饰部位以门襟正中居多。

图3-25　火镰纹

3.土司印章纹

土司印章纹源于一种古老的封建制度——土司制度。土司制度是封建统治阶级用来解决少数

民族问题、巩固中央集权的一种制度。《南方古族论稿》中提到"土司是辖区内全部土地及土地上的人和物的所有者，他通过土司衙门进行统治，臣民们都向土司租地耕种，不得买卖"，可见土司地位之高。在凉山彝族地区，土司是对人民和土地享有统治权的最大首领，每位土司都有自己的印章，类似玉玺，土司印章就成为了土司阶级权利和地位的象征。彝族人民通过对土司印章的变形简化，演化成土司印章纹，应用在服饰中，也是一种权力崇拜的现象。

随着时间流逝，土司印章纹发生了很多变化，也慢慢和其他图案进行了结合，使得很多新的图案产生，这也就是我们现在看到的土司印章纹有很多样式的原因。

图3-26　土司印章纹

第四章
彝族服饰的工艺特征

　　纵观人类历史，从旧石器时代晚期的纺织技术萌芽，山顶洞人磨制骨针缝纫苇、树皮、兽皮等物来遮羞蔽体，到越来越多的科学技术被人类应用到服饰中；从麻、葛、丝等这类天然纺织纤维被利用开发，到工业革命发明合成纤维……人类走出洪荒拿起工具，穿好衣服，一步一步地探索，一点一点地创造。可以说，服饰的历史就是一部分人类物质和精神的发展历史。

第一节 纺

《纸书古彝文献研究·中部彝国》记载了与大禹同一时期的笃勒策汝时代，彝族先民就已兴修水利，发展农业种植。"东南西北八大分野中，四方有水源耕地，四方长桑树兴养蚕，四方绾锦丝收纱，四宰度牵线相臣织绸，锦帛绫罗绸缎，好比木叶落下地"，可见彝族纺织业发展历史的久远。据汉文史料记载，西汉博望侯张骞出使大夏见到"蜀布"，东汉时贩往南亚的"赵州丝""永昌绸"，在彝族地区均为大众化的纺织品。

特定的地理环境和气候条件，影响着该地域人们的生产生活，也直接影响着他们服装的穿着。寒冷地域里生活的人们多以动物毛皮为原材料制作服装，简易拼缝即可；而温带和热带地域里生活的人们就地取材，创造性地将植物纤维手捻成线，借助纺织工具将一根根线加工成布，由此制作服装。纺织是一个由线到面的过程，先纺线再织造，彝族人民在千百年来的历史发展中，形成一套自己独特的纺线、织布、印染等工具和技术。彝族民间传统纺织工艺主要以绵羊毛、火麻或苎麻作纺织原料，使用腰织机织成布匹来缝制衣物及其他生活用物，织出的布匹幅宽不大，但细密厚实、古朴耐用。

一、纺线原料

　　彝族传统社会农耕与畜牧相结合的生活方式，为纺织布料提供了丰富的原材料，也决定了传统纺线原料以植物纤维和动物纤维两大类型为主。常见如亚麻、苎麻、葛等植物纤维多取于植物的韧皮部，天然具有强韧性和透气性；动物纤维有毛发类和腺分泌物两类，常见如取于牛、羊等动物的毛皮和毛绒，以及蚕丝等动物腺分泌物。冬寒夏暖，不同衣物原料特性适应不同的季节气候变化。在广大彝族地区，产麻少棉，加之易于畜养牛羊的自然条件，毛麻织品成为每个彝族人身上最重要的衣物之一。毛料保暖耐用，麻料吸湿散热，两者诸多优良性能互为补充，被彝族人民选择和使用，并一代代传承至今。

（一）羊毛原料

　　羊贯穿在彝族人民衣食习惯、民族风俗和宗教信仰等多方面，在彝族的社会、经济、文化生活中均扮演着不可替代的重要角色。食羊肉、衣羊皮是高寒地区彝族人民在世居生活中逐渐取得的一套生存模式。细软的绵羊毛因易获得，材质柔软绵密，保暖性能出色，吸湿性和抗皱性好，成为彝族广为使用的服装原料之一。

　　绵羊毛是彝族使用最多的羊毛原料，羊毛毛色丰富，有白、灰、褐、黑几种。在过去，采集羊毛的效率非常低，

因为牲畜数量有限，通常要等到吃肉时才会宰杀，进而剥取其皮毛，再用于毛料的加工制作。随着生活物质水平提高，畜养牲畜数量大为增多，现均使用活采的方式收集羊毛，一年剪两到三次羊毛。剪羊毛这项活动甚至发展为彝族传统的盛大节日之一，在每年的三月、八月、十月都会进行剪羊毛。在每年农历六月中旬，凉山彝族地区还会举办为期三天的"剪羊毛节"，俗称"羊毛节"，或"赶羊会"，彝语称为"约沙次"，在美姑、金阳等县均有盛大举办。

"剪羊毛节"由当地有名望的毕摩选择吉日良辰，召集十里八乡的人们参加。节日第一天的清晨，家家户户的男人们就踏上"洗羊"之路，将羊群赶到湖泊或河流附近的草场，让羊群淌过相对湍急的自然湖泊中洗浴干净，冲走黏结在羊身上的泥土和草种，以使羊毛光亮洁净，洗净后赶羊回家，待一夜等羊毛干，干后的羊毛会更加蓬松柔软。第二天将羊群赶至半山一处开阔的草坪剪羊毛，这一天才意味着剪羊毛节的正式开始。剪羊毛的汉子们抓住羊后，将羊放平，前后足分开捆绑按住，将酒含在口中对被绑的羊逐个喷洒，并念念有词地说着一些祈福语，他们感谢今年羊群的增多，羊毛的洁白，也期盼来年平安吉祥，牛羊漫坡，羊毛如云。然后剪刀"嚓嚓嚓……"流畅地滑过羊的腿部、腹部到脖颈，整套动作一气呵成。第三天，主办剪羊毛节村寨的主人家们安排好酒、肉美食，邀请邻近村寨的人们前来欢庆娱乐。男女老幼皆身着传统盛装，牵着自家的斗牛、斗羊、骏马纷纷赶往剪羊毛的草地欢聚一堂。男人女人各司其职，剪羊毛、擀羊毛毡这类耗费体力的活通常由男人们承包，女人们则拎着一篮篮羊毛手捻成线、编织查尔瓦，青壮的小伙们在草地上进行着斗牛、斗羊、赛马、摔跤等比赛,孩童们则一旁嬉笑打闹,场面极为热闹。

剪好羊毛后，首先进行分毛。绵羊的毛质在不同的季节，以及所处羊身上的不同部位等因素，都会导致收集的羊毛品质有所不同，从而用途也产生差异。一般绵羊腹部的毛品质是最为优质、细软，但由于毛丝较短，用手工捻纺成线较为困难，多用于制作羊毛被；绵羊臀部、背部、颈部里层的毛较长软且硬度适中，适合手工捻线、织布，而外层脏、差的毛可加工成床上用的羊毛垫絮。分毛完毕后需要对羊毛展开清洁工作，将绵羊毛用开水加洗衣粉、洗洁精、消毒液洗净后在铺开的竹席上摊晒。经过晾晒后干净干燥的羊毛，用竹弓反复弹打形成松散的絮状，经过处理后的羊毛既可用于擀毡，又可用纺专工具将羊毛捻成羊毛细线，即获得羊毛纺织的原材料。

通常羊毛织品的原色为白色或灰色，被用来制作妇女的头饰、男女的上衣和妇女的百褶裙等，在凉山彝族地区还制作羊毛毡袜、披衣"查尔瓦"等，如需要其他颜色则用植物浆染，一般染色以黑色、深蓝色居多。

（二）麻原料

麻布在中国少数民族地区使用范围广泛、历史悠久。彝族聚居在中国西南山区，所生活地区的气候条件非常适合种植麻类作物。得天独厚的自然条件和麻布坚实耐磨、耐脏、御寒透气的优点，使麻成为彝族先民的主要制衣原料之一。

清代《滇南闻见录》中就有对彝人使用麻制作服饰的记载，即"夷人衣服纯用麻，最存古意，系自织，幅只五六寸宽……"麻布衣是彝族人经常穿着的一种衣着。过去大多数彝族人家都种植麻，每年农历五月就是彝族妇女们种植麻的好时节，田里播下麻籽，其间定期除草和间苗，细心呵护。到农历十月初即可开始收获大片成熟的麻，将麻捆成小捆，运回家中晒干，将麻秆收下后放在池塘里沤烂，将表面长长的表皮剥下，用水洗净，剥成麻匹，再晾晒。接着就是绩麻，绩出的麻线条等着上纺车纺成线轴后，就用草木灰水加猪油反复煮洗，直到变成白色，捞出晒干，用绕线机绕成线团后，就可以直接上织机织布了。从捻线纺纱，再织成布，期间十几道工序都需要手工完成。相比棉布，麻布在柔软度虽然略有欠缺，但是其良好的耐磨性、透气性十分适合在彝族人在气候湿热的山区穿用，并且在视觉效果方面，精制麻于平滑整洁中又有特殊的肌理感，尤其显得丰富、精致，呈现出朴素自然的风格。

（三）火草原料

火草彝族语称为"到摸"，是一种多年生草本植物，秋夏之际生长在高山树荫和灌木丛中，遍及彝乡，叶子纤维坚韧，古人击石取火，以火草引燃，故名火草。汉文献早有记载，《南诏通记》载有"有火草布，草叶三四寸，踏地而生，叶背有棉，取其端而抽之，成丝，织以为布，宽七寸许。以为可以为燧取火，故曰火草"。每株火草长有 3 ～ 5 片长约 15 厘米的叶子，叶片背阴的一面有一层白色的韧皮纤维，用手小心地撕下，就是一根细长而有韧性的纤维线，剥下的火草茎部的韧皮纤维，揉软后纺成麻线，加草木灰煮后泡入溶有燕麦面的稀水中漂白，即可用于纺织制成火草布。火草布因其经久耐用，保温防湿性能好，也成为彝族服饰的主要纺织材料之一。

根据历史记载，由于云南石林、东川一带不盛产棉花，古时的彝族人民以火草为原料制作的火草褂为主要衣装。《云南通志》记载，明清时期云南彝族以麻、毛和棉织品为主，"织麻，捻火草为布衣之，男衣至膝，女衣不开领，缘中穿一孔，从头下之，名'套头'。"《云南通志》所记载的彝族"火草"衣，即火草褂。一件火草褂的制作极为不易，往往要经过一整年，甚至几年长期的日积月累才能制成。从采集千万片细小的火草叶开始，人们就得不断往复穿行于山野竹谷中，由于采摘后的新鲜火草容易腐化，两三天内就得将叶片后面的白色纤维毛剥取下，绒毛搓捻

成线，再将一股股细线织成布，缝缀成衣，前前后后加起来二十多道繁琐的制作工序。每一件火草褂都凝聚着彝族人的耐心、毅力、勤劳和智慧，也表现出了他们追求美好生活锲而不舍的精神，带有浓烈质朴的山野气息。

今云南路南、弥勒地区还用火草布制作传统的男装上衣，穿着场合也仅在喜庆、婚嫁、过节、走亲访友时穿着，尤其是青年人用来作定情物，当作爱情象征。在过去，彝族姑娘会用送火草褂的方式表达对男子的心意，这份心意是慎重而认真的，因为男子一旦接受，说明这桩婚姻定下来了。姑娘在送火草褂时是有很多证人在旁的，山林间、溪水旁，伴着朦胧的月色，悦耳的短笛与月琴，姑娘小伙们围成圆圈，载歌载舞，分享着幸福的喜悦。结婚当天，男子必须身着姑娘送的火草褂迎娶新娘，否则姑娘会拒绝出嫁。婚后，这件火草褂也会被视作爱情信物珍藏起来。

二、纺织工艺

纺织工艺包括纺线和织布两个步骤，因所用的纺织原料不同，织布前线团的准备制作各有不同的工艺流程。彝人纺线指的是采用天然绵羊毛

图4-1 火草男童坎肩

纺制而成的羊毛纱线，将一团团疏松而散乱的羊毛转拧成线，并在拉细过程中调节均匀度，捻搓成纱线。使用的是纺锤这种工具，彝语称"布乌"。纺锤由纺杆和纺轮两部分组成，纺杆过去多为木制或者竹制，很细，长度有10厘米左右，现在也有铁制和钢制的，纺杆形状为中间粗两头细，其中一头做成倒钩状，用来勾线、定捻，这是纺轮很重要的一个结构，因为纺线的时候锤身悬置空中，锤身旋转时需要一段固定才能盘旋绕线，倒钩就起到固定作用，钩端相当于纺锤旋转的轴心；纺轮是圆形的，厚度为1～1.5厘米，直径为4～5厘米，一般用木、牛骨、牛角等材料制作，圆心处钻一孔，以安插纺杆。

羊毛、麻和火草原料进行纺线的步骤相似，均为捻线、合线两个步骤，只是捻线根据原料物理性质不同而有所区别。羊毛捻线的过程：首先用手将成团的羊毛撕开捻成粗纱，不断续纱线，与此同时将手用力旋转纺锤，使其逆时针急速旋转，使粗纱悬绕成麻花状，这个过程叫捻线。随着纺锤的旋转，外力逐渐消失，纺锤欲向反方向回转，此时出手收回纺锤，以防倒转。最后手握结实收回的纺锤，不能松懈，将捻好部分的纱线一圈圈缠绕在倒钩处，使其不再散开，起到固定作用。按此步骤，循环往复，将所有的羊毛捻成羊毛纱线备用。麻和火草则直接用手将植物纤维进行反复搓捻即可成单股纱线。

　　纺好的单股纱线较细，力度和坚韧度都不够，不能直接用于织布，用于织布的纱线是更为结实牢固的双线股，因此还需进行合线的步骤，即将纺好的两股细羊毛线取相反方向放在一起，用手用力朝一个方向捻搓，使两股线间的缝隙消失，完全抱合在一起。合过的纱线其强度和韧性都比未合的纱线好，这时用来织布更加结实、耐牢。捻线、合线的过程看似简单，却需要很娴熟的技能，撼动纺锤的力度、收纺锤的时间、缠绕的方法、加捻的手法和力度等都影响所纺纱线的精细程度，最理想的状态是纺好的纱线又细又均匀，两条反方向的线股紧实、牢靠。

　　纺织纤维经过绩、纺之后，成为均匀细长的纱线，便可用于织造，织造技术是由编结、编织逐步演进而来的。人们在编织过程中发现，原来"手经指挂"将纱线一根一根编的速度太慢，编织物结构粗疏，并且长度非常有限。于是聪明的古代劳动人民在不断的实践中，逐步创造出简易实用的织布工具来提高织布效率。首先，将单数和双数经纱分开成两层，在两层之间穿入一根木棒撑起纱线，这根木棒名为分绞棒，分绞棒的存在能挑起一个可以穿入纬纱的空间，称其为"织口"，这时再使用一根可以穿线的引线棒，将纬纱穿过"织口"这就成了织机上的杼子和梭，接着用骨匕或木棒制成的打纬刀，打紧纬纱。后来，人们还发明了多片综来控制经纱的提升，进而产生原始织机。原始织机有挂式和平铺式两种类型，在彝族的织造生产活动中，平铺式织机使用最多。这种织机的两根水平纱线轴是借助四根粗壮的木桩固定地面来绷住，因而也称地织机；还有一种特殊的织机是用织工的双脚和腰部作为支撑点，织工坐于平地，双腿伸平并顶住缠绕有经线一端的木板，另一端则将织物卷在木棒上，木棒的两端用绳索缚于织布人的腰间，因腰部也成为织机的重要组成部分，故称腰机。

彝族织布用的是腰机是在生产劳动中探索自创而得，是两种原始织机结构的结合。腰机的零部件由以下几部分组成：木桩、定经杆、分经木、综杆、机刀、梭子、幅撑、卷布轴和腰带。织布时，妇女席地而坐，两腿伸平，将织物的一端系于腰间，另一端用木板固定，双脚踩踏木板，一手用打纬木刀打纬线，一手做引线姿态，规律地重复着这些动作。织出来的布纹主要有两种：平纹织布和人字斜纹织布。斜纹布的织法要比平纹略微复杂，但基本工序都是一样的，分为"定经""分经""变综织纬"等几个步骤。腰机部件中，木桩、卷布轴和腰带用来挂经线，定经杆、分经木和综杆用来梳分经线，机刀、梭子和幅撑用来织纬线。平纹织布主要用于妇女的羊毛百褶裙，人字斜纹织布主要用于"查尔瓦"披风的制作。

此外，彝族人民还掌握着一种特殊的织造技艺——"擀毡技艺"。彝族地区的羊毛原料除了进行纺线和织造，还能够通过传统的羊毛擀毡制作出抵御风寒的重要服饰品，

如披毡、毡衣、毡袜、毡帽等。另外，羊毛毡还是彝族人不可或缺的生活用品，在他们的居家生活中，床上铺垫的是羊毛毡，身上盖的被褥也都是羊毛毡。擀毡的工具有弓、弦、细竹帘、粗竹席、水桶、盆、刷子、专用夹板等。处理好的羊毛原料，先进行弹毛，将晒干的羊毛放在竹席上，使用竹制的弹弓将羊毛一一弹松、分离，从而形成松散状态的单纤维即可，并且边弹边拣去杂质。用来弹松羊毛的弓和弦都是用竹子制作的，弦用细竹丝做成。弹毛完成后需要将其再次铺在细竹帘上，细竹帘是用来卷裹挤压羊毛的，不断地卷起竹帘反复来回进行擀制，擀制时还需借助水和洗衣粉等材料作为辅助，目的是促进羊毛纤维的变形和最终的毡结，具体所需重复擀制的次数要依据毡化效果的好坏来评定。擀制的毛毡成品尺寸取决于竹帘，后期制作时再视用量来裁剪加工。

擀制好的羊毛毡通常被制成披毡，彝族地区男女老少都会携带并穿着使用，于他们而言，这既可披风御寒，又能当作被盖来取暖，在彝族人民的盛大节日、婚礼丧葬等重要民俗活动中均会进行穿着，哪怕是去世那天也必将披毡作为自己的寿衣，这是一种彝族族群内部识别和认同的符号标志。若是有褶披毡，还要多一道工序，即在擀制以及裁剪好毛毡面料后，用一块宽约5～6厘米的铁尺压褶子，来回往复收褶处理，一直要到整块面料被全部打上均匀有秩的褶裥，最后使用两块木板将打好褶的毛毡两侧，进行固定挤压，经过 2～3 天时间的物理定型之后，有褶披毡才算是制作完成。

第二节 染

彝族关于服饰染色工艺的记载十分详尽、丰富。在南诏国时期，先民们已经探索出利用植物来制作染料，掌握包括浆、浸、煮、媒、埋、蒸、晒、泡、洗晾等多道工序的整套染色技艺。云南彝族部分地区用以生产的蜡染布、浆染布、亮布等，古朴耐看，光彩照人，深受人们喜爱；凉山的彝族先民们用植物染料以染制查尔瓦、披毡、百褶裙、衣褂、头帕等羊毛或葛麻、丝织物制品。这种从植物中提取天然色素染色的工艺是中国传统的织物染色方式，称草木染，亦称植物染。通常从各种植物用复杂手段提取色素，如蓝草、茜草、各种蔬果、中药材、花卉以及茶叶等，染料取法自然、用法自然，染出的织物在色泽上古朴柔和又温润，部分药材染色的布匹还有除菌驱虫之功效，穿着时散发草木清香。同时，因染料、浸染程度、染色对象、染

色操作方式等因素的差异，可染出的色彩层次丰富，变化多端，充斥着别样的色彩感觉。泥染也是彝族印染技艺中非常重要的一项，流行于四川凉山的美姑、昭觉和金阳县三个地方，利用泥染染出的颜色往往更深、更厚重，以深蓝色、黑色和蓝黑色等为主。

结合不同的染色方式，延展而来有扎染、蜡染、蓝印花布等工艺。其中，扎染在西南边陲南诏的发祥地巍山使用较多，依据所要的花纹图案，彝族妇女们用巧手将布料折叠、捏皱或翻卷，沿着图案形状缝合严实或用线一圈圈缠扎系紧，在染料缸中反复浸泡，层层加深颜色，直到达到满意的效果，再漂洗、晾晒、拆线，将布料展开即得到精美的手工艺品，用以制作衣裙、床单和窗帘等用品。蜡染主要在云南文山州麻栗坡和西畴县一带盛行，用蜜蜂巢泡水熬煮，提炼蜂蜡，手持竹签点蜡画图案后泡入染液，染好的布匹用水煮去蜡即得到蓝底白花的艺术花纹，图案以简洁的圆圈为主，用以制作衣裙和头帕。

一、染色原料

彝族用以植物染色的传统原材主要有茶叶、茜草、红花、紫草、黄栗、核桃、石榴皮等。由于最初彝族先民只

图 4-2　广西那坡地区彝族蜡染服饰
（图片来源：广西民族博物馆）

图 4-3　广西那坡地区彝族蜡染服饰
（图片来源：中国民族博物馆）

是把所采摘的花叶捣碎，用其汁液直接浸染在衣物之上，衣物一经水洗极易褪色，后来才逐渐知道用水浸润提取染液。经过反复实践，彝族先民探索出利用植物染色方法对羊毛制品和服饰品进行染色的技艺，牢色度大大提高。据调查，黑色用马桑树、漆树皮和叶熬煮，再用过滤的汁水煮沸或浸泡于织物上，然后用水冲洗干净即成，颜色经久不变。红色用一种叫"屋"的树根研磨成粉与核桃树叶混合煮染织物两三次，直到色艳为止。在昭觉地区曾经有过"泥染"工艺能够将布料染成黑色，而在布拖等地，用于染"查尔瓦"或百褶裙的植物染料是一种像"板蓝根"的染色植物，彝语称"傀"，有些地区也叫"柯"。彝族人民在长期实践中摸索出种植和存放傀的关键技术，打破了傀染布的季节限制。傀在每年的 8 月底开始收割，在晾晒之前需要将傀尖和割下的叶子切成小段，再进行摊晒，收集放入竹筐或桶中洒水堆起来持续发酵，待傀完全发酵腐烂后用木棍来捣碎，捣碎的傀泥团成单个饼状或者块状晾干来备用。

二、染色方式

（一）传统染色

彝族传统染色有泥染和傀染两种常用方式。不同地域的染色原料均开采于当地，因而配方各有差异。凉山州的美姑县主要用酸梅子、核桃树、漆树、乌桕、马桑树、泥巴、酒、苦荞、泉水和盐等作为染剂；金阳县则主要用马蹄叶、靛蓝、马桑树、核桃树、酒、沼泽泥炭水等作染剂。将蓝靛等自然界采集到的含色素的染色用料提取染液，经脱水、发酵，形成膏泥，将膏泥晒干研磨，借助马蹄叶草、核桃及马桑树枝叶果皮等纯天然植物媒染剂，再经特有的沼泽泥水浸泡、濯洗等特殊工序，给棉、毛、麻、丝等制品上色。进行泥染准备工作的第一步，需要收集一种表层含有天然油膜的湿泥，撇去其表层油膜，取其下层呈颗粒状泥团的褐黑色泥浆。取当年采集晒干后的野生苦荞等天然植物，大火烧成草木灰后取部分混匀置于一干净木桶中备用，用山泉水直接倒入桶中将草木灰完全冲开。再将制成的羊毛线或羊毛毡用温水提前浸泡至少有一天一夜，以助于后续染色中染料与羊毛分子的充分结合。最后将其置于泥浆中反复多次地揉搓到完全吸透泥浆待用。在此之后，取极为粗壮的桑树枝若干根，先用工具刮掉表层最下面那一层极其粗糙坚硬的黑皮废弃不用，取中间泛黄的薄皮层，置于潮湿的空气中氧化成浅紫色。核桃树最宜染布，但不容易获得，故用果实枝叶,深秋青核桃将熟未熟之际,表皮开始透黑色,收集起来作染料待用。

傀染则根据所染衣裙的多少,取一定量备好的结块傀饼,将其掰成小块放入开水中泡开,按比例加入一定量的木炭灰(约3碗),加火煮开后让傀浸泡3天左右,使植物里的染药完全渗出,如将手伸入染中,能将手染成蓝色,染料浓度才算够。然后将裙子放入染汁中反复翻转,让染液能均匀地浸泡并完全淹没衣物,经过7~10天,使裙子染的蓝色达到要求后取出,用清水洗去杂物和浮色后阴干。一条手工编织的羊毛百褶裙需10斤左右的干傀,因此能够穿着一件傀染的裙子是彝族女性间非常奢侈的一件事情。

(二)现代染色

凉山彝族地区所使用的石磺染是靛蓝染的一种常用类型。在凉山西昌和北部的冕宁地区,黑布大多使用的是以靛蓝染料来配合核桃树皮等各种其他植物染料,甚至还有直接用含靛蓝的染液进行多次反复浸泡,次数高达十数次,以达到"青出于蓝"颜色发黑的效果。

蓝靛染色工艺也被红河当地彝族、哈尼族等少数民族广泛应用于传统服饰制作中。蓝靛染色的原料为蓝靛草,收割蓝靛草后,将其放入靛塘里沤成浆,再放入适量石灰

等碱性还原剂。将待染的布料放入染缸后，必须反复染色，通过增加染色次数来加深色彩效果。最后漂洗、晒干，便可得到色泽亮丽、染色均匀的蓝靛布料。服饰主体的青、黑色就是用当地易于收集的各种蓝草制作成蓝靛进行染色的，其他的彩色绣线也来自不同的植物，例如，栀子、槐花等可用于染黄色，茜草等植物用于染红色。在冕宁县的染布工坊做法是：首先将靛蓝预先处理放置后溶解于水中，然后再向里面倒入适量的偏碱性物质，通常采用的是草木灰或石灰溶液滴加水煮沸后充分溶解得到的一种热碱液；之后再逐步加入相关的培养液，如糖、麦芽糖或者酒糟之类，可用以催化染液中可能残余的多种微生物繁殖；在常温环境下浸泡2～3天时间后，蓝液便会随着分解和发酵逐渐释放臭味，再继续加入木灰水，徐徐搅拌；静放约2～3天，液体转为绿色，说明发酵过程在持续进行着，大约还需要等待10天时间甚至更长后才方能用于染色。一般家家户户染坊都会聘请专门来负责靛蓝液配制的专业师傅，以便监控和保证自家出产染液的品质。在开始染布之前，要格外注意先让布料"打底"，"打底"这种做法是把将要用于染色的布匹丢入沸水的锅中煮泡与揉洗，以充分去除其表面上附着的胶质，这样能够使布匹更好地吸收染料，着色效果更佳。打底时则需要用动物身上的骨胶去熬煮，待布变成浅咖啡色，便可直接放置于染液之中进行染布。布匹颜色染完之后并不能立即使用，要用大量的清水多次漂洗，把多余及残留的各种染料物质洗除干净，再加上每次染液的调配要消耗掉大量的清水，故现在的染坊大多选择设立在像河边这样便于取水之处。

第三节 织

图4-4　火草麻马甲
（图片来源：北京服装学院王羿教授团队）

　　彝族纺织、印染工艺具有悠久的历史，彝族地区石器时代遗址中发现的纺轮，晋宁石寨山青铜贮贝器盖上的纺织图，都表明云南地区具有悠久的纺织史。至南诏时期，织染工艺更有一个高度发达的时期。与其他民族一样，彝族也遵循着男耕女织的劳动模式，彝族妇女们心灵手巧，纺织技术高超。彝族人日常穿着的衣裤、尾饰、背带，日常所用的床单、被罩都是自纺自织的杰作。她们在保留传统民族文化的基础上，根据自己的喜好选择颜色、图案，从而创作出精美的服饰。在长期的发展中，彝族纺织业传承并发展了颇具民族特色的纺织品，如织火草布、麻布、火草麻布和查尔瓦等。

火草布取材于一种名为火草的草本植物，这种植物生命力顽强，在西南地区的箐沟和山坡上随处可以觅见，因而在西南少数民族中也应用较多。大多植物纤维材料多取于植物茎秆部位的韧皮纤维，而火草则取自其叶片背后的绒毛，经大量采集后将绒毛一段段揉搓拼接起来，搓绳、纺线，再将火草线织成布即得到火草布。火草布的质地厚重结实、防雨耐磨，颜色上略呈浅黄色，跟麻布有些相似。过去，彝族常用来制作短褂、马甲等服装，挎包和口袋等物品。

麻的使用在中国历史上甚为久远，各个民族各个地区均必不可少麻布这一纺织品，彝族当然也不例外。但彝族麻纺织技术的发展集中在温暖湿润的滇中地区，人们种麻、采麻、制麻，以麻纱织布。麻纱在使用前放入水中反复漂洗，甚至于还要用鸡蛋清浸润，织布后得到的麻布既洁白柔软，又光滑平整。火草和麻性质各有优劣，勤劳聪慧的彝族人民发现可以将两种纱线材料结合使用，而产生火草麻布这一特殊布料。关于"火草布"和"火草麻布"两种称谓，最大不同在于织布时纺线材料的变化，即所谓的纯纺和混纺两种方式。纯纺的火草布匹，织布时经线和纬线都采用火草线，称"火草布"。混纺的火草布匹，

图 4-5 云南大姚彝族俚颇支系麻布坎肩
（图片来源：楚雄彝族自治州博物馆）

织布时经线采用麻线，麻线通常来自苎麻，纬线使用火草线，织出的布匹称为"火草麻布"。现在部分纺织火草麻布的地区纬线还会加入麻线或者棉线，与火草线交替进行纺织。

"查尔瓦"是彝族人民生活中一种酷似斗篷的披风，彝语称为"瓦拉"。查尔瓦是以绵羊毛用古老的"纺专"手工捻成线，再用原始的"腰机"织成布，最后缝制而成。在功能上查尔瓦虽未能达到上衣的完整结构，但基本具备上衣的特点和功能，并在具体的穿着方式上比上衣更具多样化，将其披在身上能使肩部、背部、双臂甚至前胸都能被罩住，既适体、保暖、实用、美观，又别具风格。

老年人所披用的查尔瓦是以素洁为美，最常用的是一种纯白，只有流穗装饰的查尔瓦。不同地区的中、青年披的查尔瓦在款式细节和风格特征上有所差异。义诺地区的查尔瓦一般不会染色，保留羊毛本来的白色，底边没有穗状装饰，不过会镶嵌两条宽窄不一的蓝黑布条，整体色彩黑白分明，素净典雅而又端庄大方；而在圣扎地区的查尔瓦通常会用植物染工艺将其染成青、蓝二色，长度到胯部位置，查尔瓦底边有穗并且自然下垂，项背和下摆周边等用盘线绣工艺嵌上各色的狗牙边装饰，使用有红、黄、绿等颜色，又或者是将其盘旋成二方连续的花边图案细节，整体自成风格；所地地区的查尔瓦长度略短，仅仅盖过臀部，颜色通常是用青色，底摆处垂下毛线编织的长穗，肩和底

边位置贴镶着一条略有些宽的青色布条，在其上下位置分别又嵌以红色和黄色的细牙边，服饰风格雅致而清新。

查尔瓦的制作需要经过纺线—织布—缝制等工序，纺线也需依次经过捻线、合线、蒸线，将"纺专"捻出的单股线两股合成一股，再放入蒸锅蒸煮，防止线起绞、起毛，并增强线的牢固度。纺线完成后进行排线，这时也需要工具的辅助，排好线后置于腰织机上织造。凉山彝族的"腰机"和诸多少数民族群体一样，结构十分简单，没有机身，前后两根横木，以参与织布的人的身体代替机架，由此构成完整的"腰机"。织布过程中，将经线一端系牢于木桩，另一端先尽力绷直使之更好的架在上，卷布轴置于织布者腹部前面用腰带绷直幅面，投纬线的时候，每每从中投过一条纬线，就使用打纬刀来把纬线牢牢地打紧，织成人字斜纹布纹的面料，最后制成幅宽 20 厘米，长则依据穿着者身高而定，通常为 80 ~ 140 厘米，再用羊毛线将各块矩形布幅拼缝，一般由 9 ~ 11 个幅面缝合而成。再制作衣领，用羊毛编结宽约 2 厘米的编织条，用编织条包缝领口。查尔瓦的底边用经线相互压编成辫子边，来回四趟收紧底边，再编织吊穗。

第四节 绣

刺绣在《周记·考工记》中记述为"五彩备，谓之绣。"其指的就是运用针与各种材质的线在面料上进行方法各异的穿刺，并绘成花鸟鱼虫的纹样、其他题材的图形或者象形图腾的一种技艺手段。刺绣工艺由来已久，表现方式多样，在很多的民族中都得到广泛的发展。彝族刺绣是彝族服饰的重要装饰方法，其题材丰富、色彩绚丽、形式多样、工艺精湛，使服装造型更加精致、美观，表达着彝族人民对美的追求，具有很高的艺术价值。彝族的刺绣工艺蕴含着千百年来彝族历史文化和特有的民族精神，是代代相传的文化瑰宝和艺术结晶。

彝族传统的刺绣工艺在制作流程上差别不大，基本上包含了材料的选择、确定制作题材、绣线的选择、针法的确定、图案绘制、剪纸、刺绣、裁剪、缝合等步骤。在材料的选择上，一是需要根据使用者的年龄、性别来综合分析确定，比如一般而言，老年人比较适用于自然朴素的风格，中年人则适合风格偏清新淡雅的，青少年适合鲜艳明快、有活力的风格；二是根据使用场合，如需在重要的场合穿着，则选用色泽、质地优质的布料，而若在日常劳作中则更多从耐磨耐脏等经济实用角度考量。

　　早期彝绣材质一般都是用棉麻或者火草之类的纺线，稍作染色加工即用作绣花线，随着社会大环境的变化，现在多采用各种化纤材料纺织的布料。绣品线材的选择通常以毛线和丝线两种为主，因为毛线更易获得而价格更低，所以广泛运用于一般的绣品上；丝线则比较多地被用于绣制一些比较高档的手工绣品，显得更加精细、雅致。确定制作题材即选择和确定绣品所要进行装饰的一个主题，这通常需结合实际的装饰用途或使用对象的特点来加以确定，如在婚礼场合上使用的绣品图案多选用表达出祝福等含有吉祥和喜庆双重含义的题材。在针法的选择上，依据装饰主题灵活自由的设计，如要绣制植物类的图案，通常以斜线绣来有效表现出叶子的脉络走向。当将要绣制图案于布料之上时，需要确定好图案在布料上的轮廓线条和比例关系。最后再刺绣、裁剪和缝合，即把理想的图样绣制完成，裁剪下来，贴补到衣服上对应图案的位置，将其缝合好。彝族地区的民间手工刺绣制作工艺很少会在绣品表面上直接加工绣制，绣娘们一般是用事先已经绣制完成的绣片来进行裁剪和缝合制作。

一、刺绣工艺

　　彝族把服装及用品上的纹饰工艺统称为"做花"，主要有牵花、挑花绣、盘花、锁花等各类工艺。而在服饰上又将多种富有变化的刺绣工艺集于一身，创造出丰富变化、色彩和谐的装饰造型。

（一）牵花工艺

牵花也叫"布滚花""裹布绣"，是彝族民间刺绣工艺中的一种基本装饰手法。常用红、绿、黑、白、黄等不同颜色的布料，裁成约一厘米宽的正斜布条，然后将正斜布滚成圆线状牵滚，盘成所需要的纹样造型，缝合而成一断面约呈椭圆形状的彩色小布条作为刺绣基料，再将小条仿照设计中要表达的图案花纹穿针引线的绣缀于妇女服装上的衣领、托肩、袖筒、衣襟、裤脚等部位，针法细致工整。由于花样盘出来的形状就像一条爬行或呈缠搅状的蟒蛇，楚雄彝族自治州一带称为"蟒蛇绣"或"蟒蛇纹"，而滇东南一带则称为"藤条纹"，在凉山圣扎地区也使用较多。

（二）盘线绣工艺

盘线绣是美姑服装中最常用的装饰工艺，通常全身的图案装饰均是盘线绣工艺。首先选取同色的膨体纱线和缝纫线，接下来将膨体纱用纺轮加捻，使其更加紧密，然后用两股纺好的线呈"人"字形并列摆放，即可开始绣制。缝绣时先将两股

图 4-6　多种刺绣工艺制作的彝族传统服饰
（图片来源：北京服装学院王羿教授团队）

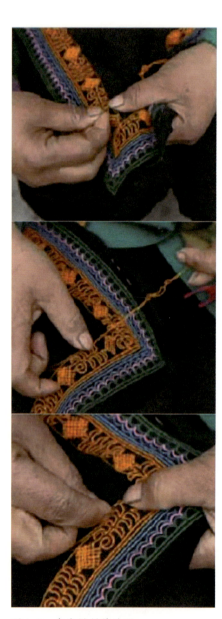

图4-7 盘线绣制作过程

纺紧的线用手指压住，用手针穿好单股缝纫线，在一端打结，随后，双股的粗线在表面上按照图案的样式走线，手针上下穿梭环绕，固定住双股粗线，按此步骤不断重复，直至图案纹样完成。盘线绣的做法步骤简单，但却极其考验制作者的经验和能力，熟练的绣娘绣制的图案整齐、单元图案大小一致，缝纫线走的线迹均匀，含而不露。盘线绣中的双股粗线，传统做法中多为同色，但现在的改良创新中，两股线双色或只用一股线的形式也存在。盘线绣的图案有一定的骨法，简单纹样用一组两股线就可完成，复杂的纹样则需要两组两股线同时进行，绣制时两组线相互压叠交错，初学者很难掌握。

（三）镶嵌绣工艺

美姑柳洪地区喜用古朴、简洁的镶嵌绣，也是义诺彝族服饰工艺中比较传统的一种。镶嵌绣可分为绲边、嵌线和镶马牙。绲边工艺用在男女上衣，沿领口、大襟、袖臂、底边的边缘进行多层装饰。绲边用黑布条或与底部颜色一致的布条，将两侧毛边向内折，折好后宽度为1.5厘米左右，再选用红、黄两色布，裁成1厘米宽的布条后对折压平。将红黄两色布和黑布条错落摆放，使红黄两色露出的部分宽度相等，后在黑色布上缝线固定。绲边工艺是布条之间压叠形成的效果，这种技法的变换使用，就形成了义诺服饰镶绲边的效果：以黑色或衣料底色相同的色彩为主，以红黄等彩色为辅助，整体中不失细节，层叠的效果凹凸不平，从而使服装的面料肌理更为丰富。嵌线是一种斜条嵌入的形式，将布条斜丝裁成布条，对折后将其缝到面料上，然后将对折的一边翻折过来，压住线迹也覆盖毛边，后用线暗缲固定。

镶嵌绣工艺既大气美观又实用，在衣服底摆、小臂处加入镶嵌绣的布条等于加厚了面料的层次，可增加面料的垂度，使其更加随形合体，又可耐磨，使服装更加持久耐用。除此之外，镶嵌绣还丰富了面料的质感变化，线条简洁，色彩稳重，又不失精细、练达。

（四）挑花

挑花是最结实耐用的装饰工艺，又名"十字绣"。它根据装饰面的经纬线，用斜十字针组成花纹，在布料上一竖一横交叉成十字，有直列式和横列式两种针法，其中又有顺针和翻针之分，顺针法首先是依据平面图案的经纬布局，任意选择图案中的一点或一端来进行起针，就图案表层的各种色彩来安排针的位置，依据布面上交错的经纬组织，用斜针挑插成一段段长度相等，规律排布的明针，当

将相同色彩部位依次插挑完成之时，再用回旋针盖过第二道明针，让它和第一道明针脉线交叉呈现"十字"形状，直至依次将相同色彩部位挑插完全之后，再调补它色。翻针是一种将进针和退针交叉使用的针法。此外依据纱线股数的不同，还有单纱、双纱和三纱之分，单纱即用一股线来刺绣，呈现的挑花效果较为柔和疏朗，布面的留底较多；双纱、三纱挑花即用多股纱线合织，出来的花纹饰面效果通常较好，结实均匀而又厚重，挑花出来的图案整齐饱满且精巧美观，实用性上也更为耐磨耐用。

利用十字挑花针脚进行花纹装饰的排列方法有所不同，因而随之产生的艺术装饰效果也呈现出绚丽多彩的变化。有的只是在花纹密集处的十字针脚孔中再放入一些适当粗细的空针，即可绣制成显出完整轮廓的实地空花图案，有的利用近似网绣的针法，绣出来花纹疏朗、做工精细考究的立体纹饰效果，甚至有人直接绣制出正反两面花纹效果都是十分完整和美丽逼真的图案。该技法主要运用在背被、围腰以及挎包等处。

图4-8　云南泸西挑花贴布绣坎肩

（五）垫绣

垫绣，又叫"包梗贴花绣"，是彝族妇女在本民族牵、扣、挑、穿几种刺绣工艺的基础上，吸收"汉绣"中先进的制作工艺而精心创作出来的一种特殊绣法。它有"引绣"和"贴绣"两种方法。"引绣"是先将色线按照花草或动物的结构来安排好布面中的具体位置，然后用针依次排布钉出纹样的轮廓造型，绣成的花纹略有浮雕感觉，"贴绣"则是先用纸或布剪出所要的花样，将其贴在绣件表面上来作为刺绣的图案垫底，虽然制作方式有所不同，但使用的针法和最终绣制出来的图案效果与"引绣"几近相同。为了进一步加强艺术效果，手工艺人们还会用巧手在花样图案的边沿加以扣锁、牵滚、贴饰金银镶边，使图案的整体造型显得更生动、富丽而有强烈的立体感冲击。垫绣所选用的装饰素材，都是源于人们的实际生活，手法多偏重写实。但垫绣的使用范围只限于妇女的胸兜、花鞋、花帽、枕头等，很少被用来装饰人们的衣裤或是裙装。

（六）补花绣

手法类似于贴花绣，但不同的是其锁边的材料不同，因而其成品风格也有区别。补花绣的锁边也是在剪好的纹样边沿走线，但锁边线是用布条缝制而成的布线：剪一个2厘米左右宽的45°斜丝布条，纵向从中间对折，然后沿着折痕对边缝制，中空，缝好之后整个翻折过来以遮盖手

缝线,呈柱形。用布条锁边双边的线股不仅耐牢度有所增加,且增强了装饰表面的立体性,风格古朴、粗犷,一般锁边布用色与剪花布用色对比鲜明,效果突出,十分惹眼。

(七)贴布绣

四川所地地区的贴布装饰风格独特,像是剪纸艺术与刺绣艺术的结合,主要是将宽窄不同、颜色不同、质感不同的布条用手针缝在服饰的装饰部位,一般在门襟、袖口、底摆等处,立体度虽不如贴花、补花,但有一定的宽度,装饰风格豪放,有一气呵成之势。具体的操作过程首先是剪花,将色布剪成二方连续或者左右对称的纹样;再用双面胶在剪好的纹样的反面多处点贴,放在服饰的装饰部位,用熨斗低温小心熨烫,以防烫坏花纹和底布,并且熨斗不能直接接触布料,要用隔热纸将其隔开,隔热纸表面一般是光滑的,面积要比装饰纹样面积略大,以防熨斗粘上花纹或者双面胶;最后对固定好的纹样进行锁边,锁边一般从右往左锁起,以便整理线迹。锁边用的线一般是膨体纱线或者棉线。

图4-9 补花绣制作的纹样

图 4-10 彝族贴布绣肚兜
（图片来源：楚雄彝族自治州博物馆）

贴布绣在金阳、会东、会理、宁南等地盛行，这些地区的服装上基本通身采用贴布绣，少有其他装饰手法，在布拖地区和所地地区有与补花绣、镶嵌绣、盘线绣结合使用。贴布手法简单，材料单一，主要是色彩和布条本身的搭配，一般选用的颜色在服装底色上要凸显出来，形成色调的反差。

（八）锁链绣

又称为"辫绣"，是最古老的刺绣针法之一，因形似锁链而得名，用绣线环圈套索绣成。甘洛刺绣中的锁链绣使用灵活，既可以独立完成图案，又可作为图案的边缘锁边，还可以作为绣片的分割装饰线。

（九）斜针锁绣

斜针又可叫作"花瓣绣""叶绣"，甘洛刺绣图案中，最有代表的就是头帕上的索玛花图案，索玛花可以说是彝族人心目中最喜爱和崇敬的花朵，它象征着圣洁、美丽，师法自然是彝人造型艺术的一大特点。斜针锁绣多用绣制索玛，在服装中和头帕中都有运用，最具特色的就是甘洛女子头帕上的刺绣，刺绣的图案主要以世代生活的

秀美风景为蓝本，将蓝天、白云、花草、蝴蝶和飞鸟等自然物象的色彩图案融入刺绣当中。刺绣常用的绣线是色泽鲜艳、物美价廉的膨体纱线和冰丝线，刺绣针法多样，平针、锁针、柳针、长短针等多种针法运用在同一绣片中，花纹灵动富有韵律。

二、刺绣色彩

彝绣装饰方法独特，纹饰设计精美而细腻，色彩华艳富丽而脱俗，图案寓意含义深远，是本民族精神世界生动而艺术的物化表现，借由彝族的刺绣装饰可以直观地窥见彝族所聚居地区的社会历史、人文生活、民族文化变迁的巨幅优美画卷。

刺绣是作为一种通过特殊技巧构成富于变化的色线组织结构，由此塑造出装饰形象的造型艺术，色线的各种组织形式构成、色彩差异和具体实施方法都直接影响着刺绣装饰图案的艺术表现效果。彝族民间传统刺绣艺术的纹样配色，概括来说是简练明快的色彩，鲜艳强烈而又夺目，对比感鲜明强烈，用色十分大胆。既有浅色布底绣上深色花纹，又有青底暗花，对比中又有色彩的调和，素雅中更见多彩，华贵不落俗。具体到各个地区，色彩的配搭各有不同，但大体上都遵循这个规则。例如：师宗、巍山一带的彝族妇女，喜欢在黑底和麻布底上挑花；楚雄彝族自治州大姚、永仁、武定、姚安等县的彝族则用白色底和黑色底，绣大片的红花，同时配上青枝绿叶，色彩艳丽，五彩纷呈。服饰图案常用的颜色有红、绿、蓝、紫、黄、青、黑、白等共十多种。一般的基本色调是红、黑两类。

在色线色彩的具体运用手法上，可大致分为单色、类似色、对比色和一色多用4种方式。单色绣十分讲究底色的选择，因为它只用一个单色，本身构图就很协调统一，加之有着底色的互相映衬，通常用作衣裙、飘带上的装饰图案。类似色是指用各种色彩对比出来效果较为接近的若干深浅颜色的线，有机组合多种针法的使用，产生出一种相对较为协调统一的色彩对比关系，使整体色彩层次更为丰富细腻，具有一种清新明朗的别样情调。对比色一般都用深色线绣制，主调突出，宾花次之。"一色多用"是民族服饰图案用色上的一大特点。它在单色的基础上，加上各种深浅变化的处理手法，如用黑、深绿、暗绿、绿、淡绿色等整个一组色，合理安排绣成的图案，既统一又有变化。这种配色一般绣在白色或黑色的布料上，但很注意色线的协调。底色与色线相调和时，效果柔和，底色与色线的对比效果格外明显。

图4-11　彝族服饰刺绣中丰富的色彩搭配
（图片来源：北京服装学院王羿教授团队）

第五章
博物馆馆藏经典彝族服饰

彝族作为中国第六大少数民族，与其他民族共同构筑起伟大的中华民族灿如星河般的历史与文化。与此同时，彝族独特的历史渊源、风俗文化以及心理认同等，多方面缔造了浩瀚的彝族服饰文化体系。

第一节 凉山彝族服饰区

四川凉山彝族自治州位于四川省西南部川滇交界处，地处青藏高原东缘、横断山脉东北缘，高山林立、峡谷纵横。清朝乾隆年间，傅恒组织编绘的描绘各民族的衣冠形貌的著作《皇清职贡图》内配有十分写实的人物形象图，其卷六中描写凉山地区彝族的图文，包括建昌中营、建昌中右营、建昌中左营、越巂邛部、会盐营右所、会盐营中所、雷波黄螂夷人、马边蛮夷司夷人等地区，可让我们更加直观地了解到当时的服饰风貌。

根据《皇清职贡图》中凉山各地彝人服饰男女装分别对比，可以发现清朝凉山彝族服装的共性：

男装：挽髻或椎髻、短衣、着裤、披毡、跣足、佩刀。

女装：发裹青布帕、长衣、细褶裙、披毡、跣足。

在此共性的基础上，凉山地区不同地域上的服饰已有差别。文献古籍中，三方言区的服饰分化初步显现，例如雷波黄螂夷人、马边蛮夷司彝人即可代表义诺方言区服饰的一些特点。《皇清职贡图》中，雷波夷人"男椎髻去须，

仅留颜下髭，毡笠布衣，以朱漆涂革，带佩刀裹囊；妇挽髻裹青帕，耳坠铜环，著长衣细褶裙，行必荷笠"，马边夷人"男椎髻裹青布帕，短衣披毡衫""妇挽髻以青布作平顶帽，交缠蓝布长带饰以珠石，项挂素珠，衣裙俱缘边，跣足不履"等特点均与现今义诺服饰有异曲同工之处。

清末至民国，是凉山三大方言区服饰各自形成特色的重要时期。民国时期，各国学者先后到访凉山实地考察，为我们留下了极其珍贵的文字和图像资料。如 1909—1913 年，马克思·弗里茨·魏司夫妇多次造访大凉山地区，先后到达峨边、马边、美姑、昭觉等地，拍摄一百余张当地彝族人生活生产的影像资料。

凉山不同地域的服饰各自趋向一致，这说明了家支文化下，相同或相似的服饰特征是人们找到归属感的途径之一。凉山地区彝族服饰不仅可以以方言划分为三大类，即义诺、所地和圣扎方言区，而且也根据男子裤脚的大小划分出三种类型：以美姑地区为主的"义诺服饰"（俗称大裤脚地区）、以喜德地区为主的"圣扎服饰"（俗称中裤脚地区）和以布托地区为主的"所地服饰"（俗称小裤脚地区）。虽然凉山地区伴随时代的步伐不断地开放与发展，但地处凉山腹地中的腹地的义诺方言区各县，仍然保留着传统的着装形式。

一、义诺服饰——"大裤脚"

义诺方言区俗称为"大裤脚"地区，即因义诺地区男子服装宽大的裤脚而得名。操"义诺"土语，流行于四川美姑、雷波、甘洛、马边、峨边、昭觉、金阳以及云南的巧家、永善等地。

凉山彝族义诺方言区的男子服饰没有明确的中青年的界限划分，服装套件和款式基本相同。现今义诺地区，日常生活劳作中，男子多穿着汉民族现代服饰，搭配瓦拉或袈裟披毡，只有在彝族年、火把节、婚礼、葬礼、宗教活动等特殊场合中穿着全套的民族服饰。义诺男子缠裹头部的包头使用黑色、深蓝色棉布，并在右上方的端缠裹成长形尖状的椎髻，彝语称"兹体"，意为"英雄结"。上衣形式非常统一，主体为黑色，紧身窄袖、无领、右衽。前襟及袖口用盘线绣工艺绣有大量的传统花纹，图样多为二方连续或四方连续，色彩为红、黄、绿、白、玫红、橘黄等。比较有特色的大裤脚男裤裤长约1米，大面积为蓝色，裤脚部分外加宽度为40厘米左右的黑色或深蓝色布料拼接。单只裤脚的宽度最宽可达两米，展开可至头顶，裤腰为宽腰式。在配饰方面，义诺男子左耳穿孔，戴由玛瑙、蜜蜡等组成的耳饰。彝族尚武，英雄带是义诺男子威武骁勇的标志，斜挎在右肩。英雄带是传统的"刀带"，用来悬挂刀具和刀鞘，现今只保留刀带作为装饰。传统英雄带用细

图5-1 女子头饰
（图片来源：北京服装学院王羿教授团队）

牛筋编织，现代英雄带多用牛皮裁制而成，带面上用碎碟或海螺片做一大一小两种型号的圆片做装饰。

义诺地区的女子服饰比男子服饰有更清晰的人生阶段的界限划分，表现在女子头饰的变化、上装纹绣的面积与色彩、下装的结构与配色上。女上装款式在男上装的基础上收腰、增加纹绣，下装为极具特色的百褶裙。年轻女子服饰色泽艳丽，中年女子服饰素雅端庄，老年女子服饰沉稳素净。

奴隶社会时期，等级标志也在义诺女装中体现，服装的款式、色彩、质地即可体现穿着者的身份等级。土司阶级的土司夫人和黑彝妇女可以穿着凉山地区稀有的丝绸、毛料、细棉布制作的服装，穿戴金银首饰，白彝一般穿着本地区可以生产的羊毛、麻质面料，即使是相对富裕的白彝家支妇女，可用较好的面料，但款式和色彩仍不能超越等级的限制。等级的区别还具体呈现在妇女们头帕的层数、服装的宽博和百褶裙褶裥的数量之上。

现代的义诺女子服饰再也没有等级上的差异，只有年龄、生育前后的区分。以美姑地区的义诺服饰为例，从远古发展至今，受到了包括汉民族、其他少数民族乃至凉山其他地区的文化的影响，逐步演变成当下我们常见的服饰搭配。当下的义诺服饰虽古风依旧，但也特色鲜明、自成一派。义诺方言区的大多数年轻人的彝族服饰已经成为他们的节日盛装，只有在火把节和一些特殊场合才会穿着；年长者平日里穿着传统服饰，但多与现代服饰搭配穿着；妇女穿着传统服装的频率高于男人，一些妇女日常生活中会将传统服饰拆分开来穿着，如只是佩戴头饰或只是穿着上衣。常见的女子服饰组件为：头帕（瓦盖帕、荷叶帽）、领牌、上衣、百褶裙、首饰（珠串、耳饰、戒指、手镯）、三角包，瓦拉和袈裟为披衣。义诺地区女子几乎没有传统的鞋履，自古多跣足，现在多穿现代样式的鞋子。

义诺女子头帕是女子生育前后的标志性服饰品。换裙以后生育以前的青年女子佩戴瓦盖帕；生育以后的青年、中年女子均佩戴荷叶帽。瓦盖帕，形似瓦片而得名，由黑色、深蓝色棉布叠成多层的方形，婚前女子的瓦盖帕较婚后薄、层数少。荷叶帽，形似荷叶，多用八块黑色、深蓝色棉布制成。帽中心平整，四周为波浪形的褶皱，并向上翘起，为使得荷叶帽造型更加硬挺，现代的制作方法多加纸板、塑料等衬里，之后更便于塑形。义诺美姑地区的女子头饰，除了瓦盖帕和荷叶帽之外，还有比较独特别致的美姑柳洪地区的柳洪头帕。现在美姑地区一些妇女在日常生活中不

戴荷叶帽，为了便于劳作，用毛巾或围巾包在头部的情况也很多见。

　　美姑女子最常穿着的款式与青年男子上衣基本相似，只是前后领口多了一圈绣花装饰。青年女子和中年妇女的区别是将绣花的白色部分替换成青白色、浅蓝色。义诺女子换童裙以后就开始穿着三节的百褶裙，所谓三节是指有褶皱的部分，百褶裙实为上筒下褶，共五节，上面两节为直筒状，下面三节压褶。百褶裙色彩鲜艳，以红色为主色调，搭配橙色、绿色、蓝色、紫色、白色、黑色等。传统的义诺百褶裙并不是一个圆筒形，而是长方形的单片结构，环绕于下身后用腰带系紧固定，现在的百褶裙为了穿着方便制作成筒状，腰头附上松紧带，可随意穿脱。配饰上，凉山各地区的彝族女装几乎都有与上衣分离的立领，但各地领牌有自身的风格。女子戴上领牌以后，视觉上颈部会被拉长，自然地挺胸抬头，显得极其端庄、高贵，在凉山地区高山气候条件下，领牌既美观又可防风保暖。美姑地区最具特色的配饰当属女子佩戴的珠串，青年女子佩戴时多作为项链，或与瓦盖帕结合。中年妇女既有作为项链佩戴，也有与耳环结合佩戴，成为耳饰的一部分。凉山地区最常见的大褶皱披毡义诺方言区也有很多人穿着，美姑特色的当属荷叶边披毡。凉山彝族女子都有佩戴三角包的习惯，替代衣兜的作用，用于装烟叶、针线和一些杂物。三角包系于腰右侧，飘带长度及地，与百褶裙一起摇曳摆动。

二、圣扎服饰——"中裤脚"

圣扎方言区俗称"中裤脚地区"，流行于四川的喜德、越西、冕宁等县及西昌、盐源、木里、昭觉、金阳、德昌、盐边、石棉、九龙、泸定和云南宁蒗、中甸等县的部分地区。

川、滇大小凉山的彝族以不蓄须为美，多留有一块方形头发编成一小辫，堆于头顶。《后汉书·南蛮西南夷传》："西南夷者，在蜀郡徼外。有夜郎国，东接交趾，西有滇国，北有邛都国，各立君长。其人皆椎结左衽，邑聚而居，能耕田。"其中先民所扎的"椎结"是指其头髻。那时的人们将头顶的椎结视为天神的象征，将其作为主宰自己命运吉凶祸福的灵物，故而称其为"天菩萨"，严禁他人去戏弄摆动椎结或不慎触碰到自己。过去彝族男子的发式一生要经历几次变化，谚云："生子成父母，竖髻成长辈"，未结婚生子的男子只能在头顶蓄一撮长发，却不能擅自在头帕上竖起英雄髻；结了婚后的男子能请人在头顶上梳一个短小的辫子再盘头上。而在过世时，如若是有子女，则把额前的头发打成尖状物形，称"天菩萨"。而今的彝族男子发型不区分那么精细，通常用"天菩萨"作为统一称呼。

圣扎地区传统服装的基本组合形式为上衣配裙或裤，外罩披风。男子上着右衽大襟衣，下穿长裤，头戴长巾缠绕而成的帽子，长巾前端或缠绕成结或立于额前，俗称"英

雄结"。发式为古老的髹发，从幼年开始便在头顶续起长发，俗称"天菩萨"，男子耳饰多为蜜蜡珠或银耳圈。

男子包头的材质多为黑色或蓝色的粗棉布。头帕的缠绕方式多样，比较常见的方式之一是将头帕折叠好，然后根据头围缠绕成圆筒形；另一个方式是将头帕搓成一条圆形带子顺序缠绕。缠绕成型后，用布裹住包头的一端，另一端则系一锥结，将这个锥结固定在左或右前额。青年人的锥结裹得细长有尖端，形如竹笋一般，显得英姿勃勃；老年人的锥结短粗无尖端，呈卷状或锥形，庄重老成。

中华人民共和国成立前，男子多无衬衣，只穿一件棉布上衣。其特征为：无领或圆立领，右衽大襟，侧缝处开衩。长袖到手腕，袖子较为合体。领口、门襟及衣身右侧有银质小纽扣。圣扎地区男子的"中裤脚"长裤与义诺地区男裤结构相同，裤脚采用双层裤片，无包边无翻脚，颜色为黑色、青色或与裤腿呈深浅变化，以呼应传统黑色上装的厚重色彩，色彩分割整齐均衡让裤装更有节奏感。

圣扎地区女子上穿右衽大襟衣或坎肩内配中长衫，下着多种颜色拼接而成的百褶裙。女子的配饰种类丰富，根据年龄的不同选择戴头帕或帽，耳饰有金、银、珊瑚、玉、贝等制成的耳环和耳坠。

凉山彝族女子的发式则根据年龄不同而不同，未成年少女将头发梳成单辫垂于脑后，举行成年礼以后的女子则将单辫改梳成双辫，便于固定头帕或戴帽。这一地区与义诺相同的是未生育过的女子戴方形头帕，已生育者戴"荷叶帽"。比较特殊的帽子是流行于盐源地区的罗锅帽，帽子的四个角向内扣，上覆一层头帕，自然垂下，既美观又有避光遮雨之用。圣扎女装中的长衫一般不单独外穿。圆领右衽，袖长过腕，其衣身合体，长度齐膝，两侧从腰围处开衩。因在外着坎肩，故衫的衣袖、领口以及底摆采用较为厚实的棉布或灯芯绒面料并装饰纹样，前身、后背处采用普通的薄棉布，亦无纹饰装饰。外穿的坎肩有右衽大襟和对襟，其形制简单却实用美观，厚实耐用，多在劳动时或天凉时穿用。下装百褶裙，佩戴三角包是凉山彝族女性的代表性服饰。此地较为突出的女性配饰是一种大型胸饰，它由多个银饰相连而成，佩戴时挂在颈部垂于胸前后背后。彝族的银饰装饰大而精致，佩戴时能随着人的走动而相互碰撞，发出悦耳轻巧的沙沙声。

三、所地服饰——"小裤脚"

所地彝族服饰主要流行于凉山彝族自治州境内的布拖县、普格县、金阳县、宁南县、会东县、会理县、德昌县和昭觉县、西昌市区的部分地区。其服饰风格粗犷、古朴大方，整体形制沿袭前朝"披毡、右衽、拖尾裙"的遗风，

近年来变化不大，因男子裤口形小而被俗称为"小裤脚彝族服饰地区"，与以美姑地区为主的"义诺服饰"（俗称"大裤脚地区"）和以喜德地区为主的"圣扎服饰"（俗称"中裤脚地区"）服饰形成鲜明对比。从中可以看出男子裤脚的宽度变化。

　　所地男子日常装扮有着凉山彝族男子服饰的共同特征：天菩萨，英雄带，缠布包头，左耳佩戴长耳坠，常年披着"瓦拉"和"袈什"，防寒防潮、遮风挡雨。不同的是所地男子用青布包头，缠绕而成，不饰英雄结，男子服饰为短上衣，小裤脚，腰间系腰带，普格地区和布拖地区最有代表性。服饰由上衣、裤子和配饰组成，不着鞋履，头上青布包头，不饰英雄结。上衣短小精悍，最早时短不过脐，现在大都长及腰，以大银扣作为装饰，手工扣襻，高领，右衽，有黑色、藏青色、蓝色、绿色等多种单色。裤子长及脚踝，裆部松垮，裤口小，仅能伸脚。上衣和裤子一个颜色，搭配不同颜色的腰带（一般用亮色或服装用色的补色），肩部斜挎英雄带作为装饰，英气十足。服装分为上衣和下裤两种形制。多量体而裁，大小尺寸因人而异。男子中青年装、老年装、童装结构基本一致，有的只是颜色、尺寸的差别，老年男子服装颜色多用全身的黑色或藏青色这两种颜色，只是童装的披风为了质轻方便穿着，有的为毛线制品，上面装饰彩色纹样，鲜亮活泼。

女子服饰分为罩衣、长衫和长裙三种形制。罩衣分为对襟和斜襟两种。多宽衣博袖，长度不等，半袖居多；长衫一般作为单衣穿在罩衣里面，袖口紧窄，通身饰花，在衣襟、下摆、袖口处做刺绣装饰，纹样风格粗犷、色彩明朗大气。下身着及地百褶长裙，显得身材纤细，高挑婀娜，所地地区的百褶裙很有特色，纯羊毛手工织作，一般由三到五节组成，分为上、中、下三段，上段为腰头部分，中段为筒状，无褶，下端手工压成一道道细密的褶裥，显得裙摆宽大，走起路来百褶四散成喇叭状，摇曳生姿。百褶裙对于凉山彝族女子来说意义非凡，一条百褶裙述说着彝女们一生的故事。所地女子重头部装饰，头饰按照女子婚育状况分为"哈帕"和"哦梭"两种，也就是汉语说的头帕和大盘帽。女子颈部佩戴长方形领牌，有铜制、银制之分，银制者多，一作装饰之用，显得颈部颀长、端庄高贵；二作保暖之用，防止寒气入侵。所地女子酷爱银饰，近年来随着经济的发展，家庭收入的增加，加上火把节的影响，人们炫富心理攀升，银饰作为财富的象征，也成为拼富比美的利器，在服饰上大量使用，火把节上的女子盛装，高帽上的银饰层层叠起，胸前背后，耳和手全副银饰武装，走起路来哗哗作响，好不壮观。童装在服装形制上跟成人基本一致，只是尺寸大小的区别，在色彩上更为明快活泼，孩童头上多戴虎帽，上面绣满纹样，寄托着母亲对孩子的茁壮成长、健康快乐的期许。

所地地区最为典型的是男子的小裤脚装扮，美观大方、宽松轻便，保留传统武士风格，以前女子也穿，但女子裤口边上有花边装饰以示区别。小裤脚的流行是由大裤脚改进而来，且与凉山地貌相关，最初作功能之用，是历史的记录、岁月的见证，一直到现在，依然被人们日常穿着。

第二节 乌蒙山彝族服饰区

前文中曾提及彝族的祖源问题，彝族先祖的足迹从中国的西北地区开始，一直到西南各地，早在两千多年前就生息繁衍于四川的安宁河一带、金沙江两岸、云南滇池一带、哀牢山以及贵州的乌蒙山等地区。分布于滇东北和黔西北的彝族同属一个部族，首领为笃慕俄，居住在滇东北昭通、东川一带。笃慕有六个儿子，成为"六祖"分支后形成了武、乍、糯、恒、布、默六部，六祖分封后，以乌蒙山区为中心向四周迁徙发展。《乌蒙圣火》一书记载："无论在云南和贵州，乌蒙山区都是彝人世代生息垦殖的地方。"乌蒙山区在地理位置上覆盖了整个贵州西北部地区，这就是黔西北地区。本服饰区内包括威宁式和盘龙式两个类型。

一、威宁式

图 5-2　贵州毕节彝族女服
（图片来源：楚雄彝族自治州博物馆）

威宁彝族服饰主要流行于贵州毕节的八个县与六盘市的六枝、水城和云南昭通的镇雄、彝良、威信及四川叙永、古蔺等县。男女服饰款式基本相同，以青、蓝色两色的右衽大襟长衫配长裤，头缠黑色或白色头帕，腰部多系白布腰带，着绣花高钉"鹞子鞋"。男子服装简洁没有装饰花纹，出门时常在服装之外披上一件羊毛毡以抵御风寒；妇女服装领口、袖口、襟边、下摆及裤脚均装饰彩色花纹组合图案，汉语俗称"反托肩大镶滚吊四柱"，头缠青帕作"人"字形，并戴"勒子"、耳环、手镯、戒指等银饰，婚后则不再佩戴耳环而是佩戴耳坠，身上系着白色或者带有刺绣花纹的围腰，身后垂花飘带。

乌蒙山区的彝族在经历了明清的改土归流政策后，服装款式发生了较大变化。特别是女装变化尤为突出，原来的短衣百褶长裙变为十字型长袍，成为彝族各地区服饰中的独特风格的存在。其中，板底和龙场的长袍最具地方文化特色，款式上多使用高领或立领形式，右衽偏襟，色彩上以深色为底。两地的袍服在款式上和纹样装饰上都很近似，纹样以简洁为特色，丰富的花纹装饰

通常出现在服饰的后背位置。衣身上绣有黄色布底和红色布底花纹，以及两组对称卷云纹，领边两条水波纹。

威宁彝族男子大多穿大襟右衽青蓝色长衫，宽脚长裤，少花纹。出门在外常披羊毛披毡或系一条腰带，十分简洁朴素。威宁男女普遍都缠有蓝色、黑色或白色纯色系"人"字形头帕的着装习惯，少数男性佩戴"天菩萨"；妇女大多穿青蓝色或者黑色右襟"干字形"长衣，中式长裤。佩戴耳环、手镯、戒指，领口、襟边、裙摆、裤脚饰彩花图案纹样，围白色或绣花围腰。马街乡的少数妇女喜爱使用青色的头帕包裹头发，再在头帕外缠上长条的花带进一步装饰自己，下半身仍是搭配优雅的百褶长裙。

威宁彝族服装根据实际使用用途可分为常服装、盛装、祭祀服装几大类型。常服就是适应于多种日常生活场景的最普遍穿着，色彩上简约大方，常以黑、蓝和白色为主色调。服装的质地选择，造型与搭配上都较为随性不刻意。盛装则属于逢年过节或到自己婚嫁之时才会特意穿着的服饰，色调较常装更加绚丽多彩，花纹装饰被广泛运用在服装的领口、衣襟边、裙摆和裤脚等部位。女

图5-3 彝族虎纹镶彩布贴上衣
（图片来源：贵州省民族博物馆）

子盛装时还会佩戴耳环、手镯、戒指等多种装饰物。祭祀服在所有服装类型中属于较特殊的一类，是给专门执行宗教事务人群提供的一种服饰，在彝族中就是代指毕摩服饰，服装款式、颜色简洁单一，也没有过于繁复的刺绣花纹装饰，配饰上有黑毡笠、鹰爪帽、野猪牙项圈、羊皮经袋等。

二、盘龙式

盘龙式服装主要流行在贵州盘县以南至广西隆林一带。盘县男女服装多为青蓝色大襟右衽长衫，与威宁式大同小异，只是在头帕的使用上多用白色布料进行围裹，女装的花饰装饰用得较少，在腰间加上一条黑色的围腰，两条花飘带垂于身前。而隆林女装则为大襟右衽镶边短上衣，配黑色短围腰，下穿深色长裤或四幅长裙，仅在衣衩、裙脚处绣少许花纹，较威宁式彝族女装更为素净淡雅，头缠青帕，戴耳环手镯，穿绣花鞋。

隆林各族自治县位于广西壮族自治区百色市西北部，峰峦逶迤、层峦叠嶂、山峰与谷底纵横交错。早年间，当地彝族以生产麻料为主，后来由于诸多因素隆林地区的彝族对于织布也就逐渐生疏，制作衣服都选择购买衣料。而麻和种桑、养蚕为隆林地区提供了别的原材料选择。高寒地区的气候也制约着服装的形态，隆林地区的彝族服装都

较为厚实，内外重叠穿着。服装结构以上衣、下裤和上衣、下裙，裙长和裤长都长及脚踝，皮肤裸露得较少，仅脸部和手部裸露在外。服装能起到很好的御寒保暖的作用，男子更是有披羊毛制成的查尔瓦披风。但是由于隆林地区所放养的山羊并不能用于服装制作，羊毛的原材也基本是从外地购入，因此在羊毛面料的使用上也远没有凉山地区的彝族服饰中使用得多。而同在广西境内的那坡地区则十分适宜种植棉花，对棉布的使用也更多一些。早年间，因为德峨地区气候严寒，生产条件也比较艰苦，所以彝族人民无暇讲究穿着，衣服不经常换洗。这也是为什么早年间彝族服饰都以深色为主，单衣也没有季节之分的重要原因。

　　隆林地区的彝族属于外来人口，他们既受到传统的彝族内部的社会制度制约，又受到国家以及当地社会经济的影响。隆林主要居住的民族有彝族、壮族、汉族、苗族、仡佬族，其中彝族的人口约 3500 人。彝族村寨以大分散、小聚居以及与其他多民族杂居为主要特点。多民族杂居的社会环境使得隆林地区的多民族文化产生交往交流交融，这种现象体现在服饰上，则是壮族和汉族传统服饰的一些特征也常见于隆林彝族的服饰中。"盘龙式"彝族服装即与汉族、壮族的民族服装十分相似，上衣具是盘领、右衽、大襟，袖长及手腕，喜欢用镶绲的方式进行装饰。盘龙式服装的裤子也与壮族、仡佬族、汉族等相似。此外，隆林地区的部分彝族还喜欢穿长袍、现代唐装等服装样式。当地彝族在服装的配饰上更是与该地区的其他民族不分彼此，除头饰外，围兜上的银链、手镯、手环、项链、铃铛形的纽扣等配饰都与壮族和汉族相通。当然隆林彝族也有其独特的服装配饰如三角包等，但大部分配饰仍是与其他民族相近。

隆林地区的彝族男子服饰在漫长的发展过程中几经变化，但大体上仍是延续着中国传统的上衣下裤的服装形制。该地区的男子服装主要包括：包头布、英雄结、英雄带、短上衣、长衫、长裤、马甲、查尔瓦披风等。传统隆林彝族男子平时穿黑、蓝、白等颜色的对襟圆领短上衣，衣长及臀，袖长及手腕，质地多用棉、麻。裤子是很宽的唐装裤或是西装裤，脚上穿自制的布鞋。服饰的颜色主要为黑色、蓝色，不加装饰。内穿白色里衣，多种颜色的上衣套穿即为男子的盛装。

隆林彝族女装的传统造型为：头戴黑色包头布，穿藏青色或黑色袄衫、下身穿长裤，胸前挂一个围兜，脚上是自己缝制的布鞋。上装通常三层到四层，每一层的服装结构相似，都是圆领右衽的结构，最里层为修身白色里衣，中层是各色小襟右衽衣，最外层则是一件蓝色或黑色为底的右衽大襟衣。外层的右衽大襟衣在衣领周围、大襟处以及上衣底摆，用黑色或其他颜色装饰三层绲边，绲边宽度不一。外层衣袖往往缝制成比手腕稍短的长度，可以看见

里层衣袖的颜色。围腰呈六边形结构，上端窄小，底部宽大，两侧用绳带固定，胸前则是由梅花状银链绕过颈后以两面银牌固定在围兜顶部两端。隆林彝族妇女的围兜与当地壮族、汉族的围兜在结构上十分相似。下装则较为简单，男女裤子款式相同，裤腰及裤腿都比较肥大，裤子前后结构一致，裤长至腿肚上下，并于裤脚处镶一至数道绲边做。由于裤腰肥大，需要有腰带系扎，这种裤形不分男女老幼。脚穿绣花鞋，鞋头尖小且向上弯的布鞋，彝族称之为弯头或鹰头鞋。

进入 21 世纪以后，隆林地区的彝族服饰在吸收了凉山彝族的服饰文化后飞速发展，每年的"火把节"都是一场盛大的视听盛宴，彝族的姑娘们会穿上最美的盛装来参加活动。

第三节 红河彝族服饰区

红河哈尼族彝族自治州位于云南南部，与越南毗邻。红河州少数民族众多，除了哈尼族、彝族之外，还居住着苗、傣、壮、瑶、回、布依等少数民族。其中，彝族支系众多，

第五章　博物馆馆藏经典彝族服饰

136

不同支系民族服饰与装饰工艺也各具特色，世代生活在大山深处的彝族人，仰首看青天红日，俯首观碧水红壤，自然环境影响了彝区人们的审美。

红河型彝族服饰主要分布在云南省南部的红河哈尼族彝族自治州。穿着红河型彝族服饰的人口众多，有 90 余万人。红河地区各彝族支系历史发展、自然环境、生活习俗等因素的差异，造就了红河彝族纷繁多样的服饰形制与色彩图纹。该地区多民族杂居，服饰风格差异较大，彝族服饰又可细分为元阳式、建水式、石屏式三种。

红河型彝族服饰的共同特点是保留"身尾连体"的尾部服饰结构，有"喜红尚黑"且喜用银泡作装饰的审美特点。随着社会的发展，与外界交流的加深，使不同支系的民族服饰汉化程度逐步加深，尤其是红河地区彝族男子传统服饰汉化最为严重，目前在红河地区许多彝族村寨很难找到一套完整的男子传统民族服饰。红河彝族男子服装各地差异不大，延续了传统上衣、下裤的服装形制，多为青、黑色立领对襟短衣搭配同色系宽松免裆裤，外套坎肩，以银币或传统盘扣作为纽扣。男子多戴瓜皮帽或青布绉纱包头，脚穿绣花凉鞋。石屏尼苏颇地区彝族青年男子节日盛装多由情人亲手制作并赠送，例如花腰带。花腰带以青蓝布为底，绣满花鸟鱼虫、凤、蝶、公鸡等花纹图案。

红河彝族女子服饰则变化万千，其上衣款式与服装搭配形式各不相同。元阳式女装大多为大襟长袖短衣作为内衣，外罩过膝大襟半臂长衫，长衫开衩较高，穿着时将后摆提至腰线位置，并将大襟撩起向左曳于腰后，露出有图案的底襟，极具装饰性。建水式女装多为大襟衣搭配宽腿长裤，外套马甲或系围腰。石屏式女装多为大襟上衣搭配阔腿长裤，外套为对襟马甲，首服多为头巾或帽，其装饰方法主要以绒线或银泡、银币为饰。居住在石屏县龙武、哨冲地区的一部分彝族人他称"花腰彝"，女子服装异彩纷呈，日常装由长衫、领褂、裤子、绣花鞋、花腰带、兜肚等组成，服装面料大多使用大红色、粉红色平绒布料，黑色或粉蓝色布料镶边，用各种彩色丝线刺绣图案装饰。红河型彝族女子日常下装以直筒长裤为多，装饰方法因地域不同而有所差异。

图5-4　云南阿哲支系彝族女服
（图片来源：红河州博物馆）

一、元阳式

元阳式服饰主要流行于云南元阳、红河、金平、屏边、绿春、江城、墨江等县山区。元阳式彝族服饰的产生、发展和演变都是在自然环境和社会环境共同构成的生态系统中进行的，服饰文化根据所处环境的变化而不断适应与发展。元阳县世居着哈尼族、彝族、汉族、傣族、苗族、瑶族、壮族七个少数民族。

元阳地区境内由多个民族分享相同的生态环境、物产资源和相似的生产技术。元阳地区的彝族服饰就是在这样的人文生态环境中，保留着本民族的文化特色并汲取姊妹民族哈尼族服饰中优秀的装饰图案与装饰工艺，创造出独特的服饰艺术。元阳式彝族服饰与附近哈尼族服饰结构十分相似，均为上衣下裤的服装形制，上衣为立领、右衽、大襟的长衫，下着直筒长裤。在服饰装饰方法与制作工艺方面，彝族借鉴了哈尼族的银泡装饰工艺和部分图案的形态，并加以改变，从而发展出彰显本民族审美的服饰装饰风格。元阳彝族服饰中有一种独特的装饰手法，即缠绣工艺就是从哈尼族传统的银泡装饰手段中获得的灵感而产生的。

社会的变迁对于元阳式彝族男子服饰的影响也十分明显，相较于保存较为完整且华丽、多变的女子服饰，男子服饰已经失去了日常生活中的角色，在历史的变迁中逐渐走向消失，其部分服饰仅在大型活动、节日庆典、民族会议等场合中出现。元阳式彝族男子传统日常服饰色彩较为朴素，款式较为简单，花纹装饰较少。男子服装均由自家织染的土布制作，上装为青蓝黑色矮领、紧袖、右衽斜襟衣或对开襟衣，以银币对排做纽扣或布条疙瘩做纽扣，外

套马甲。下装普遍穿着宽腰免裆裤，其裤腰、裤腿较为宽大，裤裆较低，便于人们在陡峭的山地行走。免裆裤没有任何的花纹装饰，颜色以黑、藏青色为主。裤男子头缠青布绉纱包头，包头巾长约 3 米，或戴青布瓜皮帽；脚穿绣花青布底凉鞋或圆口鱼帮青布鞋。这样的服装虽然简单，却得体合身，衬托出彝族男子彪悍无畏的性格。

男子服饰虽然在款式上大体一致，但因穿着人群年龄的区别会有细节上的不同，主要表现在不同年龄阶段男子所佩戴的饰品有所区别。儿童一般佩戴银饰镶边的猫耳帽或樱花顶帽，穿斜襟上衣；青年男子大多上穿对襟低领上衣，以布条疙瘩作为纽扣，腰系花腰带；老年男子头顶蓄着小发辫，戴瓜皮小帽或以藏青色布条包头，上穿右斜襟齐膝上衣。

女装上衣明艳富丽，高开衩大襟，多使用蓝、绿、红、黄等颜色较为鲜艳的布料作为服装的底布，装饰物通常用银泡、银索等缝缀于其上，内穿装饰刺绣花纹的短款上衣，衣袖为长袖且较窄，外面则再加一件短袖的长袍，外套的袖子就更为宽博，衣长或及膝或至胫。元阳、金平等地妇女还身着坎肩，正面衣襟部分有银泡、银币镶嵌和刺绣工艺装饰，形制简单美观大方，是元阳式彝族服饰的重要服饰形制之一。下穿宽腿长裤，裤子较为宽松，穿着较为舒适，便于彝族人民在山地中劳作、行走。裤子正面、反面结构

图 5-5　云南金平水头寨彝族女服

相同，不分前后裆。腰部会系上一宽大的腰带，有时甚至将衣襟曳拽到身后束住，元阳式彝族女子的尾饰也被当地人称作"尾巴"，其特点是以腰带连接两个相同形状的布片作为尾饰。腰带一般为黑色棉布制作，尾饰上面以刺绣、镶绲等工艺手法制作多种精美图案，纹饰、色彩与肩托、袖口处相呼应，也常用银泡作装饰，造型精致美观。将尾饰系于腰间，两层尾饰叠加，自然垂于臀后方，几乎遮盖整个臀部，具有很强的装饰性，彝族女子行走在青山绿水之间，宽大的尾饰在身后摇曳，成为一道亮丽的风景线。

元阳彝族的未婚少女佩戴鸡冠帽，已婚妇女佩戴包头巾。鸡冠帽属于红河彝族女子较为有特色的一种帽饰，其名字是因为帽饰的形状像公鸡的鸡冠一样，彝族人就形象地称其为"鸡冠帽""公鸡帽"。鸡冠帽以精美独特的外形、精湛细致的做工和绚丽的色彩，而深受彝族人民的喜爱。

二、建水式

建水式服饰主要流行于建水、石屏、新平、峨山、蒙自、个旧、开远、通海、江川、易门、

双柏、元江等县的半山区和坝区以及部分山区，分布广泛。

　　穿着这种类型服饰的彝族居民在政治、经济、文化上与滇南地区穿其他两式服装的彝族居民相比较为发达，与汉族交往交流交融也较为密切，因此在服饰上受汉族传统服装的影响也比较多。女装为右衽大襟衣、宽腿长裤，衣外或套坎肩或服用一种前短后长的披肩。披肩前片长度至胸下，后片长度至臀下，颜色多选用黑、土黄等耐污染的颜色。男装以衣襟密钉长襻或饰银币扣为其特色。

三、石屏式

　　石屏式主要流行于石屏、蒙自、开远、个旧、元江、金平、元阳、红河等县的山区。生活在石屏县西北部哨冲镇的彝族花腰支系是红河型彝族传统服饰中最具代表性的支系之一。花腰支系服饰以形式最隆重，色彩最艳丽，装饰最精美著称。

　　花腰彝男子传统的日常着装一般上穿低领、窄袖的短衣，外穿布条疙瘩做纽扣的对襟领褂；

图 5-6　云南蒙自彝族女服
（图片来源：楚雄彝族自治州博物馆）

下着宽腰扭裆裤，颜色多为藏青或黑色。头缠青布包头，长3米多。受汉族文化影响也戴青布瓜皮帽，脚穿青布底绣花凉鞋或圆口鱼帮青布鞋。成年男子一般腰间系扎素色布条腰带。

花腰彝女装的特点为绣花紧袖大襟衣，腰系绣花小围腰，下着深蓝色长裤，裤脚镶花边，脚穿绣花鞋，在过重大节日时外罩装饰精美的绣花小坎肩。服饰工艺以刺绣、挑花、银泡镶嵌为主，技艺精湛。花腰女子盛装服饰的穿着顺序复杂，基本顺序为：先穿素色扭裆裤子，再套上肚兜，肚兜有一条长带，挂在脖颈上，然后穿窄袖长衫（俗称大衣裳）。同时穿套对襟领卦，窄袖长衫下端要绕腰间缠一圈固定于腰后，然后系扎大花腰带。大花腰带绕着腰几圈后收在后腰，且尾饰垂于后腰。最后围系花腰带，戴上折叠好的帽巾，肚儿要露在外面，甩巾和小花腰带分别挂在后腰，手巾链挂在右手腋下。彝族花腰支系传统服饰的穿着有严格的顺序要求，一旦顺序穿戴乱了，只能重新穿，费时且费力。

花腰彝服饰品根据年龄和性别还有许多品类，例如婴孩用的背单、孩童时期的衣帽等。一般孩子出生前，母亲都会亲手缝制背单、虎头帽、虎头鞋等。女童的帽子称作"喜鹊帽"，帽檐由一组狗牙花镶边的绣花片，上端立一排竖起的花缨，两侧垂下几组花缨，活泼可爱。男童帽子多为虎头帽，彝族信奉老虎，认为老虎能保佑孩子健康成长。

图5-7　花腰彝女子传统服饰
（图片来源：云南民族博物馆）

儿童背单是女子出嫁后为孩子准备的，孩子醒时背单头朝下，以便孩子可以露出脑袋，当孩子睡着时将背头翻起，可以为孩子遮风挡光，保护孩子的头部。背单上装饰美好、吉祥祝福的精美纹样，体现出母亲对孩子深深的爱。

第四节　滇东南彝族服饰区

滇东南型以路南款式、弥勒款式和文山款式三种类型为主，包括阿哲、阿细、撒尼、阿乌、大小黑彝等红河北部的彝族支系服饰。

一、路南式

本式服饰流行于路南、弥勒、丘北、昆明等区。路南式的典型代表有路南县（原石林县）的撒尼支系以及丘北县的白彝支系的服饰。服饰以前短后长的右襟上衣，中长裤、系腰裙，饰背披为主要款式。女裤裤脚偏大，头饰布箍为本式服饰的突出特点。

除了路南县的撒尼人，丘北县的白彝支系服饰也十分精美。丘北县白彝男子服饰的基本组合形式：上衣搭配下裤，外着坎肩。上衣对襟立领，不开肩缝的贯头衣结构形制。服饰上的装饰纹样大多以条状的二方连续出现，基本装饰在边角处，其工艺以十字挑花绣为主，平针绣等其他工艺为辅，装饰纹样有回型纹、松毛果花纹、太阳花纹等。善用以蓝色为底，在上面缝制白色装饰线的工艺。男子传统上衣和裤子通常只在天气较冷时穿着，夏季则穿着现代服饰外套坎肩。对比从幼年到老年的款式，差别不大，但随着年纪的增长，服饰中的饰花部分减少。

丘北县白彝女子服饰基本组合形式为右衽上衣，外着对襟或斜襟坎肩，腰系带，配裙子或围裙。服饰整体艳丽多彩，颜色偏暖，喜用白色麻布或羊毛面料，上面刺绣红、橙、蓝、绿、紫等颜色图案，图案题材丰富多彩。上身服饰款式皆为前短后长，前襟长度大约至小腹下方，后襟长至腿窝上方；方形立领或披领，大襟右衽，直身结构，两侧底部均有开衩。半裙长至膝盖以上，俗称"八块瓦"，由八块长方形的布片加两片宽腰头组成。以最中间的布片为主体，左边四个，右边三个。穿着时从后往前，在前面捆扎系于腰上。白彝女子勤劳能干，无论什么年龄，身前都会围一块围裙。因传统上衣和坎肩为穿着方便制成前短后长的形式，而围裙系在腰上刚好可以遮盖前面的空余部分，体现出结构的精巧。丘北县白彝僰人的配饰是服饰中

的点睛之笔，其中，最具特点的是头饰与挎包。头饰独具特色，造型形似"鸡冠"，当地人称它们为"马龙头"，装饰白色海贝、珍珠、各色串珠和红色缨穗球，独具魅力，夺人眼球。挎包使用自织的麻布为底，兜身布满彩色花卉图案，并缀有成对的珠串与毛线缨穗吊坠，既精致耐看又结实耐用。

二、弥勒式

本式服饰主要流行于云南省弥勒、华宁、宜良、泸西、文山、砚山、丘北等地区。弥勒县彝族服饰属于六大服饰类型中的滇东南型中的弥勒款式，女装服装款式多为衣裤式：头裹帕，身穿右襟或对襟上衣，下着青蓝色长裤，外罩遮胸式高围腰，系腰带。

弥勒县境内东西都多山，中部低凹，地势北高南低，在群山环抱中，形成一片狭长的平坝及丘陵地带，山脉、河流走向多由北向南。受地形因素影响，弥勒县阿哲支系彝族女子服饰也发生了变化，从原始的筒裙变为便于山地日常生活、行动和劳作的小筒长裤。长期生活在深山中的阿哲人，习惯以自然山水为元素，阿哲人偏爱的黑、蓝两色，与其所居处之生态环境密切相关，故而此两种颜色自然更多地成为其制作服饰时的普遍色。

由于弥勒县的阿哲支系散居于巡检司镇、五山乡、江边乡等地的山区，受地理因素的影响，其服饰文化一旦形成则相对稳定，保持长期不变；另一方面，交通不便和物产相对单一致使不同区域的阿哲支系彝族服饰呈现出多样化特征。虽属于同一民族支系，却风格迥异。江边阿哲的服饰与巡检司、五山一带的阿哲服饰差异就很显著，江边阿哲的服饰形制更接近文山、个旧等地区的彝族仆拉支系。

弥勒县阿哲支系传统服饰是彝族服饰中的较为靓丽的存在。阿哲男子传统服饰是纯汉族款式，穿着单一，由缎面瓜皮小帽、长袖斜襟或对襟青布衣、马褂坎肩、长衫、宽纽裆裤、腰带、布鞋组成。衣服多用深蓝色、蓝色土布面料，形制为立领对襟或斜襟短衣，袖长及腕，前胸一侧或两侧对称缝制口袋。坎肩的领、襟、衣边用白布绲边，再缝钉白布扣（俗称"蚂蚌扣"）或银纽排扣修饰衣裾，下着黑色宽裆裤，系两端绣花纹的青布长腰带，脚套自制布鞋。

女子传统民族服饰主要由上衣（包含小衣、中衣、大衣）、套袖、遮胸式围腰、腰带、纽裆小管长裤、翘鼻鞋、三角包、头饰、额饰（彝语称"依塔"）组成。阿哲女子的传统服饰从孩童时期到老年在形制结构上保持一致无大变化，只有服装颜色、装饰工艺以及穿戴的品类略有不同。

图 5-8 云南弥勒阿哲支系彝族女服
（图片来源：楚雄彝族自治州博物馆）

　　阿哲女子上衣类型丰富，主要分三种，分别是"小衣""中衣"和"大衣"，上衣均为圆领右衽，衣长及腰，不同的是小衣袖长至腕，可以单独穿着，也可以套在"大衣"里面作为内衣。"中衣"被称为半截衣，可日常独立穿着，依身材剪裁，比小衣稍宽大一点，袖长及腕。大衣衣长至大腿上部，袖长及肘，翻袖口，日常穿着的大衣面料为藏青色、蓝色土布布料，常与袖套搭配穿搭，比起小衣和中衣更加宽大。在衣领、环肩、衣襟、翻袖、前后衣摆、衣衩处拼接黑色或青蓝色布料（一般根据底色进行搭配），配合宽花边装饰。在衣领、环肩、衣襟、衣摆刺绣图案纹样，还有在环肩和衣襟上镶钉银泡作为装饰。袖套通常与袖长及肘的"大衣"相配用，套在"大衣"的翻袖内，因此一般上半部分不做锁边处理，多呈毛边形态，直筒型。阿哲女子领子通常满钉银泡装饰，为青年女子服用，缝在上衣的领圈上作为立领使用，围戴时给人以高贵典雅之感。阿哲的围腰是一片式遮胸围腰，是女子服饰中极为瑰丽的一部分，常与礼服配用。围腰的外轮廓形状呈一个等腰梯形，用银链拷在颈上。围腰上的银饰品伴随步履颤动摇曳作响，清脆悦耳，赏心悦目。阿哲女子服饰中的盛装头饰极富特色，"陆色"帽由正方形绣花头帕、挑花飘带、麻线流苏和银蝴蝶梅花链等部件组成。阿哲女子在婚前是四根飘带，两白两蓝，遇到心仪的男子，成婚当天会将其中一根蓝色飘带摘下送给对方，帽后飘带的数量也象征着阿哲女子的婚恋状态。系在额前的银额饰上缝缀银莲花、银蝴蝶，空隙处满钉银泡，与其他头饰相互衬托，营造了女人挺拔俏丽、光彩照人的视觉效果。

此外，款式古朴、装饰隽秀的大黑彝服饰也是典型代表。大黑彝支系女子服饰形制样式较多，发饰着蝙蝠帽，帽子内部用竹片为骨架支撑，帽子顶部用细密的银泡装饰，图案为受汉文化影响的独特装饰。日常穿着蓝色小袖袍衫方便平时劳作，外套马甲，加系梯形绣花围腰，下着长裤，既有保暖防止内穿袍衫沾染污渍的实用性，又有很强的装饰效果。出席节日盛典或婚丧嫁娶时，上衣穿立领挽袖右衽长衫并配有绣有缠枝纹的套袖，围腰、马甲和日常穿着无异，下着马面裙或凤尾裙，外加有汉民族风格的如意头云肩和磅礴大气的贯头衣。

大黑彝女子节日盛装、婚礼服饰最为华贵，层层叠叠的服装彰显贵族服饰的雍容大气。整套

图5-9　大黑彝女服
（图片来源：中国民族博物馆）

服饰由云肩、贯头衣、三星环、凤羽、立领挽袖右衽长衫、马甲、内套袖、围腰、马面裙、凤尾裙、高低腰绣花鞋组成，全套为绸缎质地。长衫立领、右衽、挽袖、衣摆高开衩，衣身素净无饰，袖口、衣摆边缘处用黑缎镶边，袖口宽大，在挽起的袖面处采用破线绣工艺装饰缠枝花卉、蝴蝶纹样。内套袖饰上水平装饰缠枝花纹样、工艺、风格趋同于挽袖。马甲圆领、对襟，领口处饰一对银扣，门襟处钉缀银泡排列组合为万字流水纹样，后背下摆边角处采用破线绣工艺对称饰一对角隅花。围腰总体呈"凸"字形，在围腰上半部分宽腰头集中饰花，饰花工艺均采用破线绣，纹样以缠枝花卉、蝴蝶、寿字纹为主。马面裙用什色绸缎拼接并镶绲绦子边，在前后裙门中心采用盘金绣工艺绣江崖海水、缠枝花卉纹，裙门边缘处采用贴布工艺饰如意头、蝴蝶、寿字纹样，风格趋同于汉族马面裙。绣花鞋尖头处绣花为饰，鞋底密纳。整套服饰风格华丽贵气，蕴含着本民族深厚的文化底蕴。

大黑彝支系为彝族中的贵族，有着较高的社会地位，与汉族往来密切，服饰风格特别是款式结构受汉族影响较深，故在服饰中保留和继承了清代汉族服饰的风貌，体现了清朝时期汉彝两族服饰文化的交融。

弥勒大黑彝族男子服饰件数较少，但凝重大方，纹样多为火焰纹、虎纹和鹰纹，有着简约大气的特点。民国以前的男子服装形制特点为：宽大、立领、袖宽，裤长。但在现代社会进程经济发展的影响下，大黑彝支系男子服饰逐渐与现代服饰相融合，故传统男子服饰元素逐渐淡出人们的日常生活，但在出席节日盛典时，依旧有佩戴英雄结和披毡的传统。

三、文山式

文山式服饰主要流行于云南省文山、西畴、麻栗坡、富宁及广西壮族自治区的那坡等地。其中又分为黑倮、白倮和花倮。本型服饰保留了较多的传统色彩，如古老的贯头衣，彝族群众至今仍在节日或婚丧仪式时当作盛装穿用。女装大襟短衣、对襟衣，有中长裤，也有长裙。服饰装饰手法主要包括刺绣、镶补、贴布绣、蜡染、拼布等。其中，西畴县花倮支系彝族的拼布工艺，以及麻栗坡、富宁两地的彝族倮支系的蜡染工艺，是滇东南文山地区彝族服饰装饰工艺特色之一。

云南省花倮支系彝族主要聚集于云南省文山州西畴县、广南县以及靠近中越边境的富宁县三地。三地虽然同属文山州，但每个地区的花倮支系彝族的服饰款式各有不同。花倮支系彝族服饰在相互借鉴影响的基础之上，保留了独特的地域特性以及特有的服饰风格。

　　富宁县毗邻中越边境，与云南河江省相接，地理位置较为特殊。因而该地区花倮支系典型传统民族服饰与越南境内的花倮支系服饰较为相似。该地区女子传统服饰主要由头帕、上衣、裤子三部分组成。其典型服饰形制为对襟上衣服饰整体呈 T 字型，方形领口、窄袖。为便于劳作，腋下通常使用三角布片进行拼接，这一服饰手法可增加衣物的活动量和舒适度。下装则常穿黑色棉布直筒裤。裤腿两侧均由刺绣图案装饰而成。整体服饰造型多彩绚丽而不失雅致。

　　花倮支系彝族主要居住于广南县洒镇龙汪洞行政村和西畴县鸡街乡曼竜行政村。西畴县花倮支系彝族典型传统服饰上装佩戴由多束红色毛线绒球制作而成的头饰。上衣右衽斜襟，并由各色三角拼布拼接制作而成。下装佩戴腰饰，穿着筒裙并捆扎绑腿。整体来看，相较于其他地区彝族传统服饰古朴、素雅的服饰风格而言，西畴县花倮彝族传统服饰风格绚丽多彩，灵动俏丽。

　　文山州麻栗坡的男女均穿着花衣，以蜡染花纹为装饰是当地白倮人最大的特征。麻栗坡城寨男子头戴自织黑白格子纹的土布头帕（围成圆筒状），服装为三件套装，最里面一件为蓝色横条纹土布长袖，仅在袖口露出部分有装饰蜡染，门襟装饰有八排银扣；中间一件为中袖蓝黑色土布上衣，蜡染装饰的袖口露出部分占整个袖长的一半，门

图5-10 富宁县花倮支系彝族女服
（图片来源：楚雄彝族自治州博物馆）

图5-11 云南富宁地区彝族拼布女服
（图片来源：北京服装学院民族服饰博物馆）

襟处装饰有两条自织的黄褐色土布；最外层也是装饰最精美的一层，服装为中间长、两侧短的对襟蜡染短袖上衣，三件叠穿的服装只在露出部分有蜡染图案。白倮人的蜡染纹样以圈点为主，成年男子三件套上的太阳纹就是最典型的白倮蜡染纹样，它们整齐排列，占据了男装的大部分面积，因为在白倮支系的铜鼓上也有类似的纹样因而又称"铜鼓纹"，一层层旋转的圆圈，最外层是放射性的，前中线和后中线的太阳纹必须完美对合，体现了麻栗坡白倮人对太阳和铜鼓的崇拜，也象征白倮支系男子有着太阳一般的重要地位。女人服饰以细密的星宿纹、月亮芒为主，寓意白倮人迁徙时走过的桥和山路，月亮又与太阳相对，阴与阳的对应预示着彝族人生生不息的生命力。女性的裙装还会搭配龙鳞纹拼布，拼布的条数、蜡染的图案在不同位置都有十分精确的含义并用于社会身份的区分。从种植、纺织到成衣都由彝族女人为全家手工制作，她们的蜡染以精细为人称赞，手法娴熟技艺精湛细腻，每套搭配细密的荞子纹、星宿纹的服装都需要耗费麻栗坡女子近一年的时间。

文山州西畴县花倮支系彝族服饰风格古朴、雅致，具有鲜明的服饰风格。西畴县花倮支系传

统服饰男子上衣款式为无领对襟或右衽斜襟的传统平面剪裁结构，装着宽裤口七分裤内系绑腿。花倮支系男子服饰造型简洁，线条流畅，整体颜色使用黑色与白色。头部缠裹黑色纱帕，头饰一侧缀有一股黑色毛绒线，与花倮支系女子布满红色毛绒线球的头饰交相呼应。

头饰是花倮支系彝族女子服饰之中的重要组成部分。深红色的绒线冠顶，并缀有百余根流苏装饰，走路时流苏随风摇摆，整个头饰灵动活泼，又不乏雅致。上衣下裙是其典型的服装形制，上衣右衽斜襟长袖，较短的衣长结构不仅凸显出花倮女子的灵动身姿，同时也具有便于在山间劳作的实用特点。下装通常着裙长及踝的黑色棉布裙，或是百褶裙。女裙通常由裙腰、裙摆两部分组成。裙摆宽大，均为单层。彩色丝绒线装饰而成的腰带垂坠于后，小腿部位系扎绑腿。行走之间，褶裥摆动，形成极强的韵律美感。

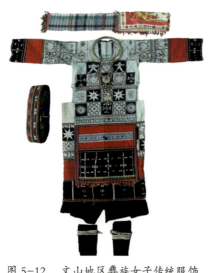

图 5-12　文山地区彝族女子传统服饰
（图片来源：文山州博物馆）

第五节 滇西彝族服饰区

滇西彝族服饰区包括巍山式和景东式两种类型。

一、巍山式

巍山式服饰流行于巍山、弥渡、南涧等县以及大理市的部分地区。该地区气候四季温差不大，夏无酷暑，冬无严寒。温和的地理环境与气候条件使得该地区的传统服饰属于典型的温和型服饰形制，该区域妇女多着前短后长的圆领大襟衣，外套深色坎肩，系围腰。巍山与弥渡间的山区妇女佩戴绣花毡"裹精"，色彩较艳，系绣有各种花卉图案的围腰。南涧一带的妇女上衣及围腰较短，喜穿白衣、蓝裤，坎肩与围腰均为青色，只在坎肩上镶有少许花边。盛装较为鲜艳。巍山式服饰又包含东山型、西山型和马鞍山型。

东山型服饰主要分布在巍山盆地的东部地区，此地区女子服饰无论年龄，上衣为前短后长，右衽大襟。上衣的外面罩上立领马甲。未婚和已婚服饰最大的区别在于头饰。

少女未婚时头饰是在头上用黑色布缠绕的包头，再佩戴一顶带有精致刺绣的帽子，颜色主要以红色为主并且以银饰品镶嵌帽边，称为"花帽"。已婚青年女子将头发高高地扎起，用银质的 u 型发夹固定，再用黑色拉绒布条或是带有刺绣图案的布条将头发缠绕成一个锥形的圆柱体，古称"椎髻"，以显高贵。老年妇女的小包头上面不坠花穗，而是再裹上一块黑色或者是其他深颜色的布，称为"大包头"，或者是用一条带有刺绣的黑色布条，在头上包裹成一个锥体。老年妇女头饰上很少佩戴银饰。无论已婚青年女子和未婚少女都佩戴围腰和背牌。围腰在日常生活和生产中具有保暖以及收拢物品的功能。巍山彝族男女皆着裤装。日常穿着多为花布缝制的宽腿裤，在节日或者特殊场合穿着盛装时，穿着的是带有精致刺绣的阔腿裤，整个裤子的图案正好和上衣起到上下呼应的效果。

西山型服饰主要分布在巍山盆地的西部地区，一般喜爱用黑色、白色、青色、蓝色的布料制作服饰。未婚女子编一个辫子，置于头后，头上戴着镶满银饰的花帽。已婚青年女子头上佩戴黑色的包头，在头上盘成圆形，在包头的周围再绕上一块嵌满银饰、珠宝、珍珠和带有绣花的白手帕。老年妇女的头饰则是只缠绕黑色丝绒或是黑色包头。西山女子服饰基本相同，身穿蓝色或是白色前短后长的上衣，服饰的领口、袖口、有精致的刺绣，外面还罩着红色的马甲，腰间系着蓝色、绿色的腰带，前面系着带有绣花的黑色围腰，在围腰的三边分别绣着红色、蓝色、绿色、白色的绣花，下身另穿着黑色或是蓝色的裤子。

四方形背牌是西山型服饰已婚青年女子和未婚女子的主要区别。已婚青年女子后背都要背着一个四方形背牌，用蓝色或是黑色的布缝制，一般不在上面绣花，背上背着这个背牌，就代表着已经成为家庭主妇。西山型女子全身服饰从头到脚，主要是黑色、白色、蓝色以及红色、绿色作为点缀相间搭配，整体清秀、素雅。

马鞍山型服饰主要分布在马鞍山乡。马鞍山青年女子在头后梳一条辫子并佩戴花帽，已婚青年女子和老年妇女则用纯黑色的布缠绕在头上，盘成包头。上身穿着圆领右衽、前短后长的白色上衣，无马甲，在衣领、袖口处都绣有多层二方连续的几何图案，图案色彩主要用蓝色、绿色丝线缝制，此类型服饰的图案与凉山彝族服饰的图案很相似。现在的青年女子偶尔也会在领口和袖口处绣上花朵，下着黑色、蓝色或是绿色直筒裤子。身前围方形围腰，在围腰的两侧和底边都有精致的刺绣，中间用黑色的底布，并且在背后缀2～3对飘带。

图5-13　云南巍山彝族刺绣背牌
（图片来源：云南民族博物馆）

二、景东式

景东式彝族传统服饰主要流行于思茅的景东、景谷、楚雄的南华及临沧、保山的部分地区。据查,自从俐米人从云南景东县逃荒而来,便在永德这块并不丰腴的土地上扎下了根。俐米人的服饰,至今仍保持着传统的手工制作工艺。其服饰都是自己织布、染色、缝制的,特别是嫁妆制作较为独特,颜色以黑色为主。单一、古朴的颜色,似一张难以揭开的神秘面纱,充满了许多幻想与神秘的色彩。

每个俐米女孩大约从 8 岁开始,就要学习纺线、织布,几乎家家户户的女子都必须掌握此项工艺,无论长幼,都会飞车走线。俐米人的服装大部分靠自己织布、染色、缝制。服装制作比较复杂,特别是妇女用的布料,有黑红布、黑布、青布、绿布、紫布、黑点花布、黄布、大红布等 10 余种。据说,缝制一套普通装,需要 20 天左右才能完成,嫁妆则需要更多时间。

俐米服装主要有:成年妇女装、嫁妆、普通装、休闲装、女童装、男装、老年装、中青年装、麻挂。常用的有民族色、净色、火银色等,服饰种类齐全,有婴儿装、幼装、童装、少年装、中老年装。成年时期,男女均戴头帽。奇怪的是,俐米妇女服饰的色调都是黑。包在头上的包头是黑色的,背在身上的"挎包"也是黑色的,她们全被包裹在黑色里了。

图 5-14　云南临沧彝族女服

（图片来源：楚雄彝族自治州博物馆）

一般来说，未婚阿朵们的衣服更多地表现在头巾上，是白黑相间，而已婚女子的头巾全是黑色。

同样，现代生活对俐米人也产生了很大诱惑。年轻的俐米男人放弃了传统的摆裆裤、大襟短衣、布包头，穿起了西服，打起了领带，就连年长的男人也换上了夹克衫、中山装。但俐米女人依然平心静气地守护着祖先传下来的民族服饰，穿无领对襟长衣，并将衣摆往上收缩扎于腰间，袖筒长而宽，在襟边、袖口、摆边上，镶着绣有红、蓝、绿犬齿形的花纹图案，叫做"狗牙边"，胸前配以布纽扣或银泡纽扣若干。

她们头顶扎方格花布头巾，耳附银质大耳环，手戴银阁，脚穿绣花船形鞋。在秋冬季节，她们身着筒梅、小腿套制筒，绣有花边或镶绿色布条，上身系围腰，大围腰绣花边图案，而小围腰不绣花边图案，多在劳动时穿。

临沧俐伱人女子传统民族服饰结构中女子服饰独具特色，头戴形如瓦状头巾，以黑白相间的格子花布缝制。包头巾时，先用一根长约两米，宽约 10 厘米的长布带束发于头顶，发带两端留着线须，缀上各色料珠，头巾折成两叠，盖住头

部，前端超出前额约 10 厘米，后端布带披至于肩背，再以束发带将头巾缠稳发带两端坠于耳际。俐侎女子常将手缩在袖子里而不外露。裤子宽大，裤管宽约二尺，穿时将裤子收拢对折上挽，再用脚套扎于膝盖下面。脚套边沿镶嵌图案。俐侎女子都系围腰，围腰有两条，一条较大，宽约一围半，长约 3 尺；一条较小，宽约半围，长二尺。大围腰从后面向前围绕后，两侧向上拉起插入腰带内，然后在前面系上小围腰。女子穿耳，戴大耳环和手镯。新娘出嫁之日，头巾左右包成尖角，后部成披风形状（彝语称"悟里"）。内外衣正中开襟，襟边镶有直线图案，拼合成一条约二寸宽边。外衣无领，内衣有领，仅内衣领口有一纽扣。胸前佩戴一块梯形黑布挡住前胸。外衣襟边饰 8 个大银泡，24 个小银泡。内外衣脚边均镶有犬齿图案，多达十几道，袖口和襟边处镶边，肘部有一圈大花图案。袖口宽约 5 寸，犹如现代的"蝙蝠衫"。

男子头缠包头，布长约二三丈。上衣无领，开襟。裤子短，裤腿肥大，无裤腰，乍看如裙。外衣有领，中间开襟，钉布纽扣，缝衣袋 3 个，其中左胸部一个较小，前襟左右各一个较大，袋口镶图案花边。男人衣服全身上下一身黑，年轻男子上身穿对襟衣裳而年老男子穿斜门襟衣裳，下身穿大摆裆裤，穿斜门襟衣服时，腰间系黑色布带，头戴绵羊毛打制的头套帽，或戴黑布环绕包头（羊毛帽是用核桃树皮煮染的），脚穿汉人缝制布鞋或自己编制的竹麻草鞋。

中华人民共和国成立前，彝族男女均喜欢披羊皮。20 世纪70 年代以前，多赤足。20 世纪50 年代以来，普遍穿汉族地区流行的服装，边远山区妇女还保留着古老的彝族服饰。中老男子喜戴棉毛线的"头套"，男青年爱戴"帽"。

第六节　楚雄彝族服饰区

云南省楚雄彝族自治州位于中国西南部地区的滇池、洱海之间，自古以来就是交通要道、川滇走廊。该区域的彝族传统服装的上衣都较为合体，一般头戴帽饰，下着裤子；穿着裙子的地区则会在裙内裹绑腿。传统服饰纹样多见动物、花草、自然现象等，在色彩搭配上则喜欢使用高明度的鲜艳色彩来进行装饰，与深沉的底色形成对比的同时，也在自然环境中醒目夺人，相互映照。

在楚雄型彝族服饰类型下，还存在众多各具特色的服饰式样，共同组成了丰富多彩的楚雄彝族服饰文化。作为彝族几大方言的交汇之处，楚雄型彝族服饰在相互交融影响的基础上，也保留了很强的独特性，其服饰形制按照支

系文化及地域分布可分为三种类型：龙川江式、大姚式和武定式。

一、龙川江式

龙川江式服饰主要流行于楚雄州辖区内龙川江两岸的牟定、楚雄、南华等地。龙川江式女装上衣较短，右衽短襟，袖子较窄，多为浅色，外套深色坎肩，下着长裤，佩戴围腰。妇女多以青布缠头作为头饰。男子服饰则多以短上衣、长裤为主，虽然男子服饰受到现代服饰影响较大，但仍保留着羊皮坎肩、大襟短衣、绣花凉鞋等传统服装制式。

此支系妇女大多都以青巾缠头，形状如圆盘状，各地头饰的大小有差异，或者挽髻于脑后，包青帕，装饰银簪、银链于发髻上；或者在头帕上装点数朵五彩绒花；或者戴缀满银花、银泡的银泡巾。此银泡巾宽40厘米，长14厘米，银泡巾黑布地，上面镶钉银花泡，呈梯形。中心镶有一颗镶红塑料珠子的银花泡，上沿钉有三个银鱼，系带的尾部镶贴黑布花边，上面绣花卉纹样，间有毛线璎珞点缀。

上衣的前襟短后襟长，前襟只到腰间，后摆长至臀部，穿着时系上围腰则可以遮盖短缺的部分，也节约了面料。衣服为蓝布地，立领，右衽，布纽扣，领口以绿布镶滚，托肩、衣襟镶有三道花布边。上衣的后片在底摆和开衩的部位呈凹字形，镶有两道花布边和一条浅绿色藤条纹。袖子的中部和袖口部位也镶着花边。

马街妇女在上衣外经常套以坎肩，坎肩为黑布地，立领，对襟，布纽银扣。立领为红布地，蓝布镶边，上面钉着8个银扣作为装饰。马街妇女的裤子是白色棉布布地，在裤脚边镶有红、绿黑三道彩布条作为装饰。裤子为绱腰头的大裆裤，穿着舒适。

男子服装基本款式为短衣长裤，上衣为多排扣的对襟蓝布短衣，衣袋及两侧开衩处均有刺绣。楚雄传统的男装多用毛棉混织或者麻与火草混织的土布，其上衣款式均为右大襟的短衣，立领，盘肩、衣袖等处有少许的绣花，花纹简洁、素雅。楚雄、大姚、牟定的现代男子的上衣为对襟蓝布的短上衣，布纽扣，衣服的口袋和两侧开衩处均有绣花装饰，衣领用四个布纽扣作装饰，整件衣服素雅舒适。

图5-15 云南南华兔街罗罗支系彝族女服
（图片来源：楚雄彝族自治州博物馆）

图5-16 楚雄传统男装
（图片来源：双柏县彝族服饰陈列馆）

二、大姚式

大姚式彝族传统女装的基本款式主要分为两类：其一是大襟衣搭配长裤；其二为对襟衣搭配长裙。穿着大襟衣搭配长裤的搭配方式主要分布在大姚昙华、三台等地及姚安苴门、光禄一带，穿着对襟衣搭配长裙的搭配方式常见于大姚桂花镇。

在大姚式服饰分布的区域内，桂花镇的彝族传统服饰无论是在服饰形制，还是色彩和工艺等方面都最具有代表性。桂花镇作为滇中地区典型的彝族聚居区域，镇中彝族人口占比 70% 以上。桂花镇彝族属于俚濮支系，男性自称为"罗罗颇"，女性自称为"罗罗么"。在长期的社会生活中，当地形成了独特的信仰体系，其中最为突出的是虎崇拜。当地人认为老虎是彝人的祖先，创生万物又庇佑子孙，是一种祖先崇拜与自然崇拜的混同形式。

该地区女子上着前短后长的对襟衣，下着长裙，腰系带并在身后悬垂。其装饰风格也十分独特，大面积使用镂花衬色进行装饰，显示出富于变化的视觉效果。常见的服饰色彩是黑色或深蓝、

图5-17 云南大姚昙华彝族俚颇支系女服
（图片来源：楚雄彝族自治州博物馆）

图5-18 云南大姚桂花镇彝族俚颇支系女服
（图片来源：楚雄彝族自治州博物馆）

靛青等近黑色彩为主色，饰以红色、黄色、绿色、蓝色等纯度较高的鲜艳色彩点缀，主要包括头饰、上衣、腰饰、裙、绑腿等部分。头饰在该地区彝族女子传统服饰搭配中占据举足轻重的地位，头饰除了装饰功能之外，也具有区分身份和年龄的标识功能。少女戴鱼尾帽、鸡冠帽，妇女则多围头巾。上衣形制古老，对襟长袖，前片较短过腰，后片较长及踝。前短后长的结构不仅显现出丰富的层次之美，也便于彝族人进行劳作，具有很强的实用性。传统腰饰一般为较为素雅的腰带，两端为三角形尖角，仅在尾端进行装饰，穿戴时在腰后打结向下悬垂。下裙打褶，长至腿肚。裙内穿着绑腿，保暖的同时也便于山路行走，防止蚊虫叮咬。整体造型层次丰富，古朴大方，活泼生动，兼具美观性与实用性，折射出彝族人的审美情趣和生活智慧。

桂花镇地区的彝族男子羊皮褂是彝族的典型服饰之一，不仅具有极强的实用性，也体现彝族的羊崇拜文化，是彝族的重要文化符号。虽男性穿着较多，但事实上彝族的羊皮褂是一种男女同服的服装形制，最早在唐代的《地理志》中就记载西南夷人"男女悉披牛羊皮"。这种古老的服装形制可追溯到彝族先民古羌氏族对羊的崇拜，在长期的历史发展过程中，虽然生活方式、生产方式都发生很大改变，穿着羊皮褂的习俗却保留至今。

距离大姚县不远的永仁县彝族传统服饰同属于温和型的服装形式，该地妇女着装也很有特色，上衣是黑布质地，

立领，右衽，高开衩。托肩、衣襟、袖管彩绣着缠枝莲花纹、犬齿纹、绳纹，间以彩色布条相隔开。围腰上部和飘带上绣有缠枝花卉纹，中部和边沿用彩色花边相拼，边沿缀着黄色须线。裤子是黑布地，裤管上绣有藤条纹、人形舞蹈纹、马缨花纹和灯笼纹等。整套衣服绣工精细，装饰性极强。

此支系的姑娘裹绣花帕，婚后包青帕。盛装的头帕，常常缀着海贝、银花、银泡，或者五彩的长穗等，是古老的"饰以海贝""项垂璎珞"的遗风。

绣花头帕是大姚、姚安妇女的重要头饰。头帕多用黑色底布，呈正方形，边长约70厘米，绣花集中在一角或者四角，佩戴的时候要将绣花一角翻至头顶。也有正方形满绣花纹，头帕的四周装饰若干银链或者彩穗。图案多由各种花卉组成，喜欢用平绣，绣工精致。各种植物以及农作物的根、叶、果，都被彝族妇女摄作刺绣图案的题材。诸如牡丹花、马缨花、山茶花、牵牛花、迎春花、火草花、石榴花、梅花、灯笼花，以及生产生活用具等，都能在她们的刺绣品中得到反映。虽然彝族分布地区比较宽广，所处自然环境差异也很大，但其赋予植物图案的含义基本上是相通的。例如石榴是求多子多孙，桃子是夫妻团圆，牡丹是聪明美丽，火草是能织善绣。总之，图必有意，意必吉祥。彝族妇女绣制每一幅花卉图案，都抒发着对幸福生活的追求和向往，寄寓着美妙的情思。

图5-19 云南武定环州彝族纳苏支系女服
（图片来源：楚雄彝族自治州博物馆）

三、武定式

　　武定式服饰主要流行于楚雄州东部的武定、禄丰、永仁、元谋、双柏，昆明市的禄劝、富民以及曲靖的寻甸等地。此地区还保留着传统的火草披风、贯头衣等服装制式，具有很高的研究价值。

　　武定在彝语中称作"罗苔"，"罗"即罗婺。武定即是古代罗婺部所居住的地方，如今，"罗婺"主要指以武定为中心的彝族地区，也通常作为武定地区彝族的统称，而武定纳苏支系正是罗婺彝族的主体部分。罗婺彝族服饰特色鲜明、款式多样、工艺精湛、文化内涵丰富，具有浓郁的地域特征和独特的民族风韵。

　　罗婺彝族男子服饰民国后期以来汉化较为严重，近年来几乎以穿着汉装为主，只有交通闭塞、外来文化冲击较少的部分罗婺彝区保留有尚黑、披羊皮褂、着火草和麻布衣的习俗。罗婺彝区流传数千年的英雄结发、右衽大襟衣、刺绣阔腿裤和兽皮大氅或披毡组成的男子服饰收藏在了衣柜箱子中。保留罗婺彝族传统着衣习俗地区的青年男子穿深色立领窄袖对襟上衣，下穿深色长裤，

图 5-20 清末云南武定环州彝族纳苏支系土司夫人新娘服
（图片来源：楚雄彝族自治州博物馆）

外套火草领褂。火草领褂制作工艺繁琐，多是年轻姑娘送给心上人的定情物。罗婺彝族男子脚穿布鞋，夏天时穿绣花凉鞋，冬天外穿羊皮褂。羊皮褂是罗婺彝族男子必备的衣物，属上古时期兽皮衣的遗存，也是罗婺彝族的代表性服饰。部分老年男子喜欢穿民国时期流行的长衫，头缠黑色包头，脚配虎头鞋。

罗婺彝族女子服饰可以从服装刺绣色彩、服饰制作工艺、首饰佩戴多寡区分女子年龄差别、婚姻状态。青年女子衣服刺绣颜色以鲜艳为主，中年女子以淡雅做主色调，老年女子除围腰外，基本不绣花，以镶嵌、盘为重要制作工艺。青年女子首饰多展示在绣花帽上，中年女子首饰加配于领、手、脚部位，老年女子只戴翡翠手镯与玉扣大圈银耳环，除盛装宴饮场合外，基本不佩戴首饰。

罗婺彝族女子服饰保留传统文化元素较多，头饰复杂，不同年龄段变化极大，款式多样、纹样众多，变化之繁，是其他彝族支系服饰不能比拟的。罗婺彝族女子常装基本款式为上衣下裤款，主要由绣花帽、缠头布、右衽衣、长裤、围腰、绣花鞋与饰组成。传统衣料质地以自种自织的麻、

图 5-21　云南武定彝族刺绣裹背
（图片来源：楚雄彝族自治州博物馆）

羊毛、棉、火草为主，现代多使用机织棉化纤布料和丝绸面料。帽子、环肩、领口、袖筒中部、袖口、襟边、下摆及裤筒中部、膝盖外侧、裤脚等部位，以镶、绣、盘等传统工艺技法装饰绣制罗婺彝族传统的花边花样与组合图案，并在绣花帽、包头、衣领及围腰上镶钉银泡、银字、银币、银领牌、银链、料珠、璎珞、海贝等。

禄劝及接壤禄劝一带武定境内的未婚女子头戴鸡冠帽，接壤元谋地区及元谋一带的头戴鹦鹉帽。鸡冠帽彝语称"连子帽"，用五六层厚的布片裁剪成鸡冠状的帽片缝合而成，如同帽子戴在头上，这种帽片多以黑色绒布做底，上绣五彩花草、鱼虫等装饰图案，两侧中部缀红色马缨花状绒球，并在底下缀黑色丝线或毛线编搓成的约40厘米的垂穗，顶部开口，帽片上下边缘镶钉垂穗银花泡。

该地区的头饰除了鸡冠帽还有"鹦鹉帽"。鹦鹉帽彝语称"俄奔"，制作方法与鸡冠帽大致相同，用五六层厚的布片裁剪成鹦鹉状的帽片缝合而成，顶部不开口但前半截做成活动开口，收藏时可以打开，顶片镶满密密麻麻的珍珠般大小的银泡，以及前、左、右各缀三朵红色小绒花，

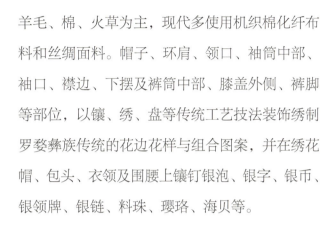

图 5-22　武定地区女子传统帽饰
（图片来源：楚雄彝族自治州博物馆）

帽片下脚边缘镶钉垂穗银花泡，后垂 1.5 厘米、宽 1 米长的红、绿二色长布条，布条顶端呈三角形并缀钉银响铃。女子婚后多戴红色毛线帽，盛装时缠包头缀银饰。结婚生育后中老年女性缠黑色包头，包头质地多为纱帕、绸缎、棉布。包头上面镶钉有玉扣、银字、银币、凤衔垂穗银头钗。背上常年披一块绵羊皮背披，绵羊皮背披多白色或米白色，整体呈不规则方形，里镶棉布，棉布上绣缀简洁的刺绣或者挑花图案，前面左右两边各缝钉一条约 30 厘米宽的顶端三角形挑花系带。未婚女子盛装所配的背披为小羊羔皮背披，刺绣图案较为鲜艳繁琐，羊皮背披较为厚实，适合于罗婺彝族主要聚居的山区早晚气候。

武定县猫街女子服饰很有特色，上衣为两件式，外衣为蓝布地，直领，右衽，短袖。其内穿着相同花色的长袖上衣。托肩、衣襟处镶有三道黑布地花边，上面用五彩丝线绣马缨花、大菊花、山茶花。袖口翻卷，上面绣有雪花纹、犬齿纹、马缨花。后襟背及下幅皆以五彩丝线绣着马缨花和四瓣花纹。围腰黑布地，用蓝布镶边，上面绣马缨花、大菊花、菱形纹，中间缀有一道绿色虚线。飘带绣四瓣花卉纹、菱形纹、犬齿纹，边沿点缀红色虚线。

武定县猫街女子的一种着装较为特殊，为蓝布底直领右衽上衣，领嵌银质"寿"字纹和圆形领牌。托肩、襟边以五彩丝线刺绣鲜艳靓丽的两圈硕大的马缨花纹和犬齿

图 5-23 云南师宗彝族女贯头衣
（图片来源：楚雄彝族自治州博物馆）

图 5-24 云南昆明东川彝族贯头衣
（图片来源：楚雄彝族自治州博物馆）

纹，嵌钉银质梅花泡，下沿缀饰黄虚线。后襟长及膝，明显体现了"衣著尾"的古老习俗，左右两边及下摆同样刺绣马樱花纹样和镶钉银梅花泡。袖管镶拼白布与黑布条，其上均刺绣缠枝花卉纹。

禄劝、寻甸等地，还保留着古代穿贯头衣的习俗。贯头衣是一种款式古老的服装。《云南通志》《楚雄府志》等书均有记载，其主要特征是"妇女衣胸背妆花，前不掩胫，后常曳地，衣边弯曲如旗尾，无襟带，上作井口，自头笼罩而下，桶裙细摺"。贯头衣一般是羊毛质地，属于典型的平面裁减结构，可以完全平铺展开。衣服没有绱领、绱袖，领口位置在布料上直接剪裁成方形作为领子，衣服披挂于身体上自然悬垂。贯头衣主要流行在寻甸、崇明、师宗、禄劝和罗平等县之间的山区。

女子的盛装服饰比较繁缛，除了外披贯头衣以外，内穿对襟的无扣彩袖短衣，外套黑色对襟、无扣的毛布坎肩。下着红、黑两色细折的毛布裙子，裹毡围腰。天冷的时候在贯头衣外再披毡。此支系各地女服装饰风格各异，而姑娘们的各种

绣花帽子则成为各地女装的主要标志。如武定的鹦嘴帽、禄丰等县的蝴蝶帽，元谋等县的鸡冠帽等。

　　武定的八角图案帽，黑布地，圆形。帽顶用银泡镶钉为圆形的八角纹，中心镶一个银花泡。该帽子的图案象征着彝族人"天圆地方"的宇宙观念。永仁的鸡冠帽，黑布地，帽子的两侧用五彩的丝线绣对称花卉图案，前后沿钉两排白色的塑扣作装饰，顶端镶红色的毛线束，还镶缀银铝泡、骨饰等。永仁的鱼尾帽，帽子呈鱼尾状，黑布地，帽子的前沿刺绣花卉纹，缀饰红色毛线团。帽子的顶端垂缀蓝色珠串，珠串的尾部缀有红色的毛线束。

第六章
彝族服饰文化的传承与保护

　　针对民族服饰文化体系的研究，是透过民族服饰的视觉表象，站在时间轴的中间向过去探寻，当未来需要传统的民族服饰文化递交一份答卷时，这灿若星河般的文化体系是否准备好了？换言之，当我们着眼于人类的精神世界时，传统民族服饰文化是民族传统文化的显性表达，不仅是民族文化的重要组成部分，更是民族文化语言的显著标识，是文化自信的基础构建。但是，当我们跳脱于精神世界之外，站在物质世界的立场中，在经济全球化和工业生产飞速进步的当今，民族服饰的传承与发展受到了空前的挑战。

在现代化过程中，市场经济迅速取代了自给自足的传统生产方式。从经济的角度看，制衣是少数民族妇女重要且不可避免的劳动与责任。从选材、织布、染色、缝制、装饰全都是纯手工制作，工序繁琐、制作周期长，耗费人力、物力巨大。相较之下，工业化生产的现代服装价格低廉、极易获取，省下的时间投入其他劳动可以在市场中换取更大的利益。因此，悬殊的经济杠杆让当地人快速放弃了传统服饰的制作与穿着，主动选择了现代服装。此外，站在研究的角度，越来越多的少数民族制衣工艺正在面临着失传的困境，许多传统服饰成为了"不可复制品"，让田野考察以及学术研究不得不戴上了时间的枷锁。加快研究的速度只是扬水止沸，真正釜底抽薪的方式是保证每一项珍贵的民族手工艺有人爱，有人学，有人传。只有真正在物质、精神两个方面都充分认识到传统民族服饰的价值，才能将这"民族之美"的价值发挥到最大化。

少数民族地区或多或少存在产业发展上的不足，导致民族服饰创新力不足，产业发展意识不强，没有办法实现"走出去"的目标等。传承民族服饰并非要求传统服饰一成不变，而是要创新发展，使之与现代生活相适应。当地文化产业运营难以形成有影响力的创意品牌。少数民族的服饰文化产业主要以本土消费为主，尚未在全国范围内形成市场。而当地居民的消费支出主要以物质性需求为主，即本土市场需求有限，没有创造相应的经济价值。

从宏观背景而言，社会发展有自上而下的性质，在社会发展中政府仍起着主导作用，这在民族服饰文化传承与保护上也是一样。各级政府对于民族服饰文化的重视、整体规划与相关政策与资金支持，是保护工作能顺利推进的基础。

从事民族文化艺术保护事业的相关单位、各类研究所和民族博物馆等在民族服饰文化保护中一直起着至关重要的作用。一方面，此类机构开展了大量的田野工作，通过深入基层和调研走访进行民族服饰文化遗产的细致普查，并对有文物价值的民族服饰进行保护、收集。另一方面，博物馆和研究所也具备专业的研究能力，能对大量积累的资料进行学术研究，并更好地发掘、研究当地民族服饰文化。另外，通过学术交流、展览等多项学术活动可以更好地传播、传承民族传统文化，对民族服饰文化的保护和传承也起到很大的作用。

在保护和传承传统民族服饰的过程中，除了自上而下的宣传、引导之外，单位和个人如何将彝族服饰资源转化为文化产品和文化服务，也是民族服饰传承发展过程中的重要环节。在传统民族服饰产业化的探索中，首先要使传统服饰能够适应当下的社会发展，满足人们的现代生活需求。当下的社会发展使人们一方面追求更加简便、现代的穿着，另一方面也需要能体现传统文化内涵、民族文化情

调的服饰。如何满足人们的多元需求，是企业和设计师需要思考的重要问题。另外，传统口手相传的传承模式，也不再能适应工业化的生产要求，探索一个合理的产业经营模式，也是传统服饰传承发展的重要途径。

服饰是民族文化的重要表征，也是一个族群的身份标识。对于旅游者而言，具有很强民族特色、审美情趣和艺术性的民族服饰是旅游目的地文化的直观表达。观察彝族的重要节庆就能看出，各种服饰展示环节是最精彩、热闹的部分，也是最具有旅游号召力的内容。独具特色的民族传统服饰集民族性、实用性、审美性、艺术性于一体，是极富开发潜力和开发价值的民族旅游商品。旅游者们也乐于从旅游地带回具有地方文化特色的产品作为纪念，潜在的市场需求为彝族服饰旅游产品开发提供了强有力的可行性支撑。

中央民族工作会议强调，民族工作创新发展重点要把握好"四个关系"，其中第一个关系就是要正确把握共同性和差异性的关系，增进共同性，尊重和包容差异性是民族工作的重要原则。中央民族工作会议特别指出，要注意对各民族在饮食服饰、风俗习惯、文化艺术、建筑风格等方面的保护和传承。第二个关系就是要正确把握中华文化和各民族文化的关系。文化认同是最深层次的认同，是民族团结之根、民族和睦之魂。中华文化是各民族优秀文化的集大成,各民族优秀传统文化都是中华文化的组成部分。中华优秀传统文化是主干,各民族优秀传统文化是枝叶,只有根深干壮,才能枝繁叶茂。我们编写此书,正是以实际行动践行中央民族工作会议精神,紧紧围绕铸牢中华民族共同体意识这条民族工作主线,促进各民族广泛交往交流交融,构筑中华民族共有精神家园,引导各族人民牢固树立休戚与共、荣辱与共、生死与共、命运与共的共同体理念。

附录

一、云南地区

编号 1　云南武定猫街彝族乃
苏支系女服
（图片来源：楚雄彝族自治州
博物馆）

编号 2　云南彝族乃苏支系绣花女服
（图片来源：中国民族博物馆）

编号 3　云南红河个旧彝族女服
（图片来源：楚雄彝族自治州
博物馆）

编号 4　云南寻甸彝族女服
（图片来源：楚雄彝族自治州
博物馆）

编号 5　云南彝族阿哲支系女服
（图片来源：红河州博物馆）

编号 6　云南蒙自彝族女服
（图片来源：楚雄彝族自治州
博物馆）

编号7　云南石屏花腰彝族女服
（图片来源：红河州博物馆）

编号8　云南麻栗坡彝族花倮
支系女服
（图片来源：楚雄彝族自治州
博物馆）

编号9　云南丘北彝族服饰
（图片来源：楚雄彝族自治州
博物馆）

编号10　云南禄丰高峰彝族格苏支系女服
（图片来源：楚雄彝族自治州博物馆）

编号11　云南绿春彝族女服
（图片来源：楚雄彝族自治州
博物馆）

编号12　云南金平彝族女服
（图片来源：楚雄彝族自治州
博物馆）

编号 13　云南金平水头寨彝族女服
（图片来源：楚雄彝族自治州博物馆）

编号 14　云南金平地区彝族女服
（图片来源：红河州博物馆）

编号 15　云南弥勒阿哲支系彝族女服
（图片来源：楚雄彝族自治州博物馆）

编号 16　云南弥勒彝族女服
（图片来源：红河州博物馆）

编号 17　云南弥勒彝族女服
（图片来源：红河州博物馆）

编号 18　大黑彝女服
（图片来源：中国民族博物馆）

编号 19　云南巍山彝族女服
（图片来源：楚雄彝族自治州
博物馆）

编号 20　云南富宁彝族女服
（图片来源：楚雄彝族自治州
博物馆）

编号 21　云南富宁彝族女服
（图片来源：文山州博物馆）

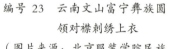

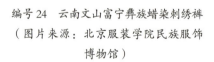

编号 22　云南富宁地区彝族五彩棉
布拼布女服
（图片来源：北京服装学院民族服饰
博物馆）

编号 23　云南文山富宁彝族圆
领对襟刺绣上衣
（图片来源：北京服装学院民族
服饰博物馆）

编号 24　云南文山富宁彝族蜡染刺绣裤
（图片来源：北京服装学院民族服饰
博物馆）

编号 25　云南临沧彝族女服
（图片来源：楚雄彝族自治州
博物馆）

编号 26　云南南华兔街罗罗支
系彝族女服
（图片来源：楚雄彝族自治州
博物馆）

编号 27　云南大姚昙华彝族
俚颇支系女服
（图片来源：楚雄彝族自治州
博物馆）

编号 28　云南大姚桂花镇彝族
俚颇支系女服
（图片来源：楚雄彝族自治州
博物馆）

编号 29　云南罗平地区彝族马
缨花绣花女服
（图片来源：红河州博物馆）

编号 30　云南武定永仁彝族女服
（图片来源：楚雄彝族自治州
博物馆）

编号 31　云南文山彝族蜡染女服
（图片来源：文山州博物馆）

编号 32　云南武定环州彝族女服
（图片来源：楚雄彝族自治州博物馆）

编号 33　云南师宗彝族女服
（图片来源：中国民族博物馆）

编号 34　云南楚雄地区彝族刺绣女服
（图片来源：双柏县彝族服饰陈列馆）

编号 35　云南元谋彝族诺苏支系女服
（图片来源：楚雄彝族博物馆）

编号 36　云南昆明东川彝族贯头衣
（图片来源：楚雄彝族自治州博物馆）

编号 37　云南寻甸彝族刺绣女上衣
（图片来源：北京服装学院民族服饰博物馆）

编号 38　云南师宗彝族女贯头衣
（图片来源：楚雄彝族自治州博物馆）

编号 39　云南麻栗坡彝族祭祀服
（图片来源：楚雄彝族自治州博物馆）

编号 40　彝族龙婆衣
（图片来源：北京服装学院民族服饰博物馆）

编号 41　彝族拼布女上衣
（图片来源：北京服装学院民族服饰博物馆）

编号 42　云南文山彝族蜡染男上衣
（图片来源：北京服装学院民族服饰博物馆）

编号43 武定地区彝族女上衣

（图片来源：双柏县彝族服饰陈列馆）

编号44 云南大姚彝族俚颇支系麻布坎肩

（图片来源：楚雄彝族自治州博物馆）

编号45 彝族男子羊皮褂

（图片来源：双柏县彝族服饰陈列馆）

编号46 云南武定式彝族男子上衣

（图片来源：双柏县彝族服饰陈列馆）

编号47 云南武定地区彝族刺绣裹背

（图片来源：楚雄彝族自治州博物馆）

编号48 云南武定彝族女子传统帽饰

（图片来源：楚雄彝族自治州博物馆）

编号 49　彝族黑棉布刺绣鸡冠帽
（图片来源：北京服装学院民族服饰
博物馆）

编号 50　银质鸡冠帽
（图片来源：云南民族博物馆）

编号 51　云南巍山彝族刺绣背牌
（图片来源：云南民族博物馆）

编号 52　云南南华彝族绣花肚兜
（图片来源：楚雄彝族自治州
博物馆）

编号 53　云南元谋绣花裹背
（图片来源：楚雄彝族自治州
博物馆）

编号 54　云南彝族八角花纹刺绣
（图片来源：云南民族博物馆）

编号 55　云南彝族八角花纹刺绣
（图片来源：云南民族博物馆）

编号 56　云南彝族石榴与蝶恋花
组合纹样裹背
（图片来源：云南民族博物馆）

编号 57　云南石屏绣花背被
（图片来源：楚雄彝族自治州博物馆）

编号 58　彝族二龙戏珠平绣土司马褡
（图片来源：云南民族博物馆）

编号 59　红河彝族蝶恋花儿童花顶帽
（图片来源：云南民族博物馆）

编号 60　彝族绣花女鞋
（图片来源：云南民族博物馆）

二、贵州地区

编号 61　贵州毕节彝族女服
（图片来源：楚雄彝族自治州博物馆）

编号 62　贵州威宁诺苏支系女服
（图片来源：中国民族博物馆）

编号 63　彝族青布镶布贴虎纹右衽长衫
（图片来源：贵州省民族博物馆）

三、广西地区

编号 64　广西那坡地区白彝男服
（图片来源：广西民族博物馆）

编号 65　广西那坡地区白彝女服
（图片来源：广西民族博物馆）

编号 66　广西那坡地区彝族麻公妈服饰
（图片来源：广西民族博物馆）

编号 67　彝族麻公妈蜡染长衫
（图片来源：中国民族博物馆）

编号 68　彝族麻公妈挑花长衫
（图片来源：中国民族博物馆）

编号69　广西那坡拼布蜡染罐头女服
（图片来源：文山州博物馆）

四、四川地区

编号 70　四川凉山地区彝族女服
（图片来源：螺髻山中国彝族服
饰博物馆）

编号 71　凉山地区太阳纹拼布套装
（图片来源：螺髻山中国彝族服饰
博物馆）

编号 72　蓝布长衣
（图片来源：中央民族大学民族
博物馆）

编号 73　四川凉山中裤脚地区
彝族刺绣男服
（图片来源：中央民族大学民族
博物馆）

编号 74　漩涡纹彩绸黑布彝族女服
（图片来源：中央民族大学民族博
物馆）

编号 75　彝族诺苏补花女服
（图片来源：中国民族博物馆）

编号 76　彝族女上衣
（图片来源：北京服装学院民族
服饰博物馆）

编号 77　四川凉山彝族女套装
（图片来源：北京服装学院民族
服饰博物馆）

编号 78　彝族诺苏支系补花毛织女服
（图片来源：中国民族博物馆）

参考文献

[1] 刘尧汉.中国文明源头新探——道家与彝族虎宇宙观[M].昆明：云南人民出版社，1958.

[2] （明）宋濂等.元史[M].北京：中华书局，1976.

[3] 马曜.云南简史[M].昆明：云南人民出版社，1983.

[4] 方国瑜.彝族史稿[M].成都：四川民族出版社，1984.

[5] （宋）周去非.岭外代答[M].上海：上海远东出版社，1996.

[6] 冯利，宋兆麟.凉山彝族的传统纺毛工艺[J].云南民族学院学报(哲学社会科版)，2001(02):60-66+97.

[7] 李文，安文新.乌蒙圣火[M].贵阳：贵州人民出版社，2001.

[8] 刘晓燕.彝族罗罗虎文化[J].社科与经济信息，2002:6.

[9] 杨升庵.南诏野史[M].呼和浩特:远方出版社，2004.

[10] 宋祁，欧阳修，范镇，吕夏卿，等.新唐书·南蛮列传下[M].上海：汉语大词典出版社，2004:4850.

[11] 周文义.楚雄彝族民俗大观[M].昆明：云南民族出版社，2005.

[12] （唐）杜佑.通典[M].杭州：浙江古籍出版社，2007.

[13] 刘忠良，邬明辉.俚濮彝族原始宗教信仰调查——以啊喇么村为个案[J].攀枝花学院学报.2008(02):29-32.

[14] 余若瑔，安健.且兰考·贵州民族概略[M].贵阳：贵州大学出版社，2011.

[15] 刘海青.云南红河地区彝族传统服饰的类型及其图纹探究[J].南宁职业技术学院学报，2011(01):4.

[16] 苏小燕.经纬线接续的服饰文明——凉山彝族"腰机"织布技艺的文化价值和意义[J].艺术评论，2013(09):121-124.

[17] 刘文琳，王羿.火把节中的银色花朵[J].中国服饰，2016:106-107.

[18] 孙见梅.四川凉山圣扎彝族服饰研究与创新设计[D].北京:北京服装学院，2016.

[19] 陈月巧，张慧萍.试论彝族虎文化[J].贵州工程应用技术学院学报，2017:35.

[20] 宋应星.天工开物[M].南昌：江西科学技术出版社，2018.

[21] （西汉）司马迁.史记全本新注（第5册）[M].武汉：华中科技大学出版社，2020.

后　记

　　感慨于时间的飞逝，从教三十年来，在时尚中逐浪，同时又感恩这片文化厚土滋养着我们。在教学、科研中，深感中华传统民族服饰博大精深，我们被精湛的民族服饰深深吸引，从另一个角度研究传统文化，并将这份热爱植根于创新设计。在教学中，从各个层面向学生们播撒热爱中国民族服饰的种子。每年带领学生深入少数民族地区，一直深耕于民族服饰文化的考察和研究，足迹遍布祖国大地的民族地区。

　　近年来，重新将考察重点转移到彝族服饰文化之上。2005年，受当地政府邀请，我担任昭觉首届彝族服饰大赛评委会主席，并在昭觉服饰文化节的研讨会中，围绕彝族服饰的研究与传承发展与相关专家进行多番探讨。以此为契机，我对彝族服饰文化产生了更为强烈的兴趣，开始持续、深入地对彝族各个支系的传统服饰进行考察、研究，也更为投入地参与当地政府组织的多项文化活动，尽力为彝族服饰文化的传承发展出谋划策。

　　彝族历史悠久、支系众多，其传统服饰也呈现出风格各异、丰富多元的状态。而随着社会的飞速发展，仅在我进行田野考察的这近二十年间，彝族传统民族服饰也发生着更为复杂的巨大变化，其突出的传统元素逐渐模糊不清。在这一社会发展大环境下，博物馆对于传统服饰的征集、保护、研究具有极为重要的社会教育意义。而据此，

《中国博物馆馆藏民族服饰文物研究·彝族卷》的编写、出版，更加显示出对于时代需求的思考与回应，衷心希望能对社会、大众与学术界提供中华民族共同体视域下的图文资料。

在本书的田野考察、研究和出版过程中，有幸得到各方的诸多帮助。在此，首先感谢为本书提供了资料与协助的中国民族博物馆、云南民族博物馆、红河州博物馆、文山州博物馆、双柏县彝族服饰陈列馆、广西民族博物馆、贵州民族博物馆、毕节博物馆、贵州五彩黔艺博物馆、螺髻山中国彝族服饰博物馆、北京服装学院民族服饰博物馆、中央民族大学民族博物馆等，在他们的无私帮助下，我们从田野到博物馆馆藏进行了全方位的研究。其次，特别感谢楚雄州博物馆的各级领导，不仅为我们提供了大量的实物以供研究，同时在田野调查中也为我们提供了丰富的资源。感谢在调研中给予我们帮助的有关非物质文化遗产保护中心相关领导和专家克惹晓夫、俄比解放、阿吉拉则、龙朝阳，彝族服饰技艺非遗传承人阿牛阿呷、温浩东、贾巴子则、罗珺、李长征，以及民艺学者雷洪斌等各位老师。特别鸣谢彝族诗人、中国作家协会原副主席吉狄马加先生惠赐本卷分序，鸣谢本丛书编委会主任、上海世纪出版集团副总裁彭卫国先生，鸣谢本丛书总主编、中国民族博物馆非遗部主任覃代伦研究员，鸣谢本书责任编辑高路路。我还要感谢我的研究生唐瑄孜、李钰等每一届参加彝族服饰文化调研的各位同学。还有许许多多在这些年间给予我很大帮助的老师、朋友、学生，在此恕我不能一一列举。正是在大家的支持下，本书才得以成稿、出版，在此我致以深深的谢意。

后
记

196

彝族服饰文化浩瀚精深，承载着重要的民族传统文化和精神情感，映射每个特定时期的生活环境、传统工艺、审美情趣以及社会生产力的发展水平。而本书的研究只是其中一隅，如有不足或纰漏，敬请专家、读者多多包涵，恳请指正！

图书在版编目（CIP）数据

中国博物馆馆藏民族服饰文物研究．彝族卷 / 王羿，苏晖著 . -- 上海：东华大学出版社，2023.12
ISBN 978-7-5669-2282-3

Ⅰ . ①中… Ⅱ . ①王… ②苏… Ⅲ . ①彝族—民族服饰—研究—中国 Ⅳ . ① K875.24 ② TS941.742.8

中国国家版本馆 CIP 数据核字 (2023) 第 220183 号

责任编辑：高路路
装帧设计：上海程远文化传播有限公司

中国博物馆馆藏民族服饰文物研究·彝族卷

著者：王 羿　苏 晖

出版：东华大学出版社（上海市延安西路1882号，邮政编码：200051）

出版社网址：dhupress.dhu.edu.cn

天猫旗舰店：http://dhdx.tmall.com

营销中心：021-62193056　62373056　62379558

印刷：上海雅昌艺术印刷有限公司

开本：889mm×1194mm　1/16

印张：13.5

字数：346千字

版次：2023年12月第1版

印次：2023年12月第1次印刷

书号：ISBN 978-7-5669-2282-3

定价：298.00元